編者話
Editor's Talk

務必成功的招待術

請吃飯不難，但要請客戶或是業務往來夥伴吃飯，就不是人人都會的了。日本漫畫《天國餐館》裡的故事「尚未開始便已失敗的接待」，便把這一點描繪得很清楚。

故事發生在一家距離車站非常非常遙遠的法國餐廳，一個廣告公司選擇在這裡宴請啤酒公司客戶吃飯，希望透過飯局取得業務先機。負責安排飯局的專人吃過這裡的餐點，覺得味道很好很能表現己方誠意，沒想到上司一到，便將該員工痛罵了一頓。

因為「接待首先必須要選容易打開話匣子的地方」，而吃法國料理需要注重禮儀，大家輕鬆不起來，便很難打破原有隔閡。此外，就算客戶指名要吃法國餐點，也應該選擇有名、當紅的餐廳，而不是地點難找、要續攤沒得續的地方。選擇冷門餐廳還可能讓人覺得是在節省經費，為雙方關係投下變數。

請客接待的做法會因為國情有所不同，平常在職場上也不見得有機會偷學。然而這卻是一般上班族晉升高階主管，業務人員拿下大訂單必備的能力。除了接待國內客戶，若連國外客戶也能搞定，職場上的籌碼必然更大。

本書以兩種方式為大家加持職場加薪力，一個是按預算分門別類的餐廳口袋名單。以預算作為第一類標準，為大家介紹了每個人預算1,000元以下、1,000~2,000元，以及2,000元以上，共3組依預算分類的餐廳名單。在每一個預算組裡又各有6家可供選擇，包含中式、日式、西式等各式料理，方便讀者依據狀況的不同迅速找到合適的宴客場地。

此外，專訪兩位中小企業老闆以及《偷窺公關女王的人脈筆記》作者Ruby，分享他們和國內外客戶談成生意的重要心態和做法，包括平起平坐、延續關係、分配資源、快速掌握對方背景等等，都是讀來可以立即上手的技巧。

若能掌握「社交」這門技術，善用餐會結交人脈，開發及維護客戶關係，往後在職場上所需要的貴人和機會更容易水到渠成。

書名｜會請客才是好業務

發　行　人　洪祺祥

編　輯　部
企　劃　主　編　劉榮和
特　約　編　輯　陳曉煜
特　約　主　筆　方嵐萱
特　約　記　者　李怡慧、林俞君、汪傲竹、陳怡君、邱和珍
特　約　攝　影　李國良、林冠良、張俊賢
美　術　編　輯　高茲琳
特　約　美　編　張天薪

行銷業務壹部（圖書）
行銷業務部副理　張勝宏
發　行　企　劃　王珮瑜、林芝
行　銷　企　劃　洪偉傑、沈恆朱

行銷業務貳部（雜誌）
行銷業務部主任　洪偉凱、王聖霖
行銷發行副理　康耿銘
行　銷　專　員　王睿穎
客　服　專　員　張毓琳、胡美鳳、林易萱

管　理　部
財　　　　會　鄭玉明、甘若漣、沈珮妮
印　　　　務　呂佩俐
行　　　　政　許景逸

顧　問　群
行　銷　顧　問　劉邦寧
編　輯　顧　問　胡芳芳
財　會　顧　問　高威會計師事務所
法　律　顧　問　建大法律事務所

發行：日月文化集團 日月文化出版股份有限公司
出版：寶鼎出版
地址：台北市信義路三段151號9樓
電話：(02) 2708-5509
傳真：(02) 2708-6157
網址：http://www.ezbooks.com.tw
讀者服務信箱：service_books@heliopolis.com.tw
郵撥帳號：19716071 日月文化出版股份有限公司
總經銷：聯合發行股份有限公司 電話｜(03) 307-6280
製版印刷：秋雨印刷股份有限公司

初版一刷：2012年02月
定價：200元

ISBN：978-986-248-238-4

國家圖書館出版品預行編目資料
會請客才是好業務／寶鼎編輯部 — 初版 — 台北市：日月文化, 2012.02
96面；21x28.5公分
ISBN 978-986-248-238-4（平裝）
1 餐廳 2 餐飲業 3.台灣
483.8　　　　　　　　　　100026132

Printed in Taiwan

目錄 ／ CONTENTS

【找張餐桌談生意】

【預算NT$1000以下】

【預算NT$1000~NT$2000】

【預算NT$2000以上】

【know-how】

隨著國際化逐漸深根，
現在的市場空間跟以往顯然已經不一樣，
面對國際客戶，跨文化、跨種族的業界交流成為常態，
工作者、公司行號的經營方針也跟著在變，
不但需維持原有的據點，更要轉戰國際。
面對更多、更廣的海外市場，
如何正確應對進退，做到不失禮或更進一步的有禮，
已成為必學的一門課題。

陳孝威

畢業於加州河濱大學政治系的陳孝威，在大學時期就已經開始半工半讀，一路從擔任南加州環保局檢察官助理、加州第44區國會議員Ken Calvert助理、再到DC部門工作；畢業後送入北美洲米其林擔任行銷經理與倍耐力輪胎北美分公司加州業務經理。這一路的經歷，使得身為華裔的他全然融入國際貿易市場之中。

採訪・撰文》方嵐萱　攝影》果醬

擊敗不景氣，
搶攻國際客戶的4個關鍵思維

1. 只有你夠自信，才會得到對方尊重
2. 為對方設想全面，最能展現專業
3. 在餐桌上展現教養，適時拉近距離
4. 聰明送禮，小心意累積滿檔生意

跨國商務行為已經成為現代金融貿易的常態，許多公司員工與管理者會將注意力放在「公務」的雙邊交流，卻忽略擁有國際禮儀與了解對方公司文化，是拓展國際業務不可或缺的一環。於是，碰到合作廠商來台考察，接待人員在各方面訓練不足的情況下，便無法提供給客戶最好的招待，甚至因此鬧出笑話或導致客戶不滿的情形也時有所聞。

目前擔任Orbit Optotech Inc公司總經理的陳孝威，由於公司業務主要是LED的ODM、OEM接單，因此時常必須拜訪國際客戶，對此更有深刻的體驗與感受。接下來，陳孝威將與大家分享開發國際客戶的過程中，除了解對方公司業務需求，還需學習哪些簡捷思維與國際禮儀，才能成為「真正」的國際商務人才。

1 》 只有你夠自信，才會得到對方尊重

「剛回台灣工作時，發現員工只要碰到外國人來訪，態度就是：Oh my god，是外國人…自信心馬上消失」他認為不該如此，「要讓對方知道：我沒有你不行，但你也不能沒有我」，打從心底相信彼此是平等的，並展現出這樣的態度。這種情況在國際參展場合更常見。

「我和所有台商一樣都是提個皮箱、拿樣品拜訪客戶，但當我去open account開發新客戶的時候，第一件事情是面露微笑、自我介紹，同時伸手與對方握手。馬上，他們就會把你看作是一份子！」原因在於握手力道的差異，亞洲人和外國人握手時通常力道較軟，再來就是眼睛會往下看；外國人則相反，他會盯著你的眼睛，在握手時也會施以一定的力道，讓你感受到他的存在。

而這是陳孝威剛從美國回來時觀察到，同時也認為台灣人必須改善的一點，「唯有當你夠自信，別人才不會欺負你！」在你展現自信的氣勢時，對方就不會把你看作待在大陸與台灣參展區的一般亞洲供應商。

2 》 為對方設想全面，最能展現專業

跟國外客戶做生意，除了自己的態度要有自信，更重要的是展現出專業，不管是公司的品牌形象、目錄設計，就連回e-mail也要很講規矩和專業。「回台灣工作之後，我發現很多人回mail都很不用心，上下聯繫的狀況也很差勁。」陳孝威提到由於自己做過很長一段時間的業務工作，於是培養出只要客戶來信詢問是否有A產品，通常他就會把A、B、C的報價與交貨時間一起給對方。

但台灣員工很被動，對方問是否有A，回答沒有A；等對方問那是否有B，就短信回覆：有B，然後對方又來信問那價錢、何時交貨？整個過程可以浪費雙方一、兩個星期，全然沒想到，彼此工作時區差了一天，而且拖拖拉拉的結果就是無法拿下訂單，或是壓縮了自己的交貨時間。由這件事情上，老外也能感受出你是否夠專業，

並決定願不願意把訂單交給你。「對我來說，這些事情可以在一封郵件裡就全部寫明白，但很多人卻做不到這一點，這就是不夠專業。」

3 》 在餐桌上展現教養，適時拉近距離

「每一個客戶都是不同的，當下你一定要懂得拿捏。」這是在義大利廠商倍耐力工作期間，陳孝威跟上司學到的技巧。假設客戶性格或所受教育較為傳統，那麼飯局中，只要同桌有女性，當她起身離席或再度入席，男性都一定要站起來。

選「酒」招待客戶（尤其是國外廠商），在陳孝威看來也是很重要的一環。因業務需要，他必須協助招待很多廠商，其中有些喜歡喝啤酒、有些喜歡喝紅酒，當遇上越重要的客戶就必須擺出更為正式的排場。「不過公司一定會交代不要讓客戶選酒，所以你得要對酒有些基本了解，才能夠選出一些品質好、不會失禮，但又不會太貴的酒。」

餐桌話題的選擇也很重要，「一般亞洲人都不喜歡運動，但對老外來說運動跟呼吸一樣，所以吃飯的過程中若能夠與他們談談運動，甚至還能說出幾個重要隊伍或球星，對方一定覺得你很懂他們的文化與生活，便能拉近雙方的距離與感情。」因此，在面對不同的客戶時，必須藉由交談來觀察這個客戶的偏好、興趣，並且隨時補充新知。「我每天早上一定看CNN，或是上網看國外新聞，隨時了解國外情勢，和客人聊天時才知道要說些什麼。」

在外國人面前，你絕不能隨便開玩笑，特別是與性別有關的玩笑。曾經一次與廠商吃飯的過程中，為了放鬆桌上的氣氛，陳孝威講了一個與同性戀有關的笑話，結果當中一個廠商代表正好是這個族群，但當時不知情的他說得相當開心，甚至還用手拍桌。他本來還想繼續說另一個類似的笑話，但被

1.交談坐姿

若有機會與顧客進入一個相對輕鬆的環境，一般人通常不自覺就會跟著放鬆，但太過放鬆的坐姿會讓人覺得你過於輕浮或懶散。因此，找到一個舒適卻又擁有「態度」的坐法很重要。建議不妨將身體靠緊椅背，坐挺，而手自然的擺放在扶手上。

2.用餐姿勢

餐桌禮儀要注意的地方非常多，最常見的錯誤是把雙手直接擺放在餐桌上，這樣會顯得這個人粗魯且不懂禮貌。比較好的做法是單手放在桌上，另一隻手可以輕靠桌邊。同時要避免整個人躺在椅背上，而是只坐椅墊的三分之二，這樣整個人看起來比較有氣勢。

人在桌底下踢了一腳要他收斂一些，才發現餐桌上有人臉色不佳，但一切都已無法挽回，就這樣丟了一張重要訂單。

4 》聰明送禮，小心意累積滿檔生意

送禮文化，不論國內外都是相當重要的人際交往課題，但往往卻被忽略，或認為反正只要買了禮盒也就不會出錯，但實情並非如此。在法國廠商米其林工作期間，陳孝威發現同事們非常喜歡一些「小東西」，好比雪茄盒、飾品盒或一些傢飾品。但這可不是要你花大錢做關係，只要花點心思比價還是能找到物美價廉的禮品。「重點在於東西一定要精緻，不能隨便找幾十或幾百塊的東西搪塞，那反而會令人印象不好。」

陳孝威提醒也別忘記老闆的太太。有一回他去參加倍耐力CEO舉辦的聚會，過程中CEO的太太也在現場招呼賓客，當陳孝威在上司牽線下認識對方後，便把握機會與她多聊一些，結果一談發現兩人都是教徒，更是話匣子打開停不了。「你想公司那麼多人，要是CEO的太太或其他賓客的老婆，對你印象深刻，回家後跟老公提及今天遇到誰，覺得他很不錯，那你不就突顯出來了嗎？！」

此外，「老外很愛吃甜食，所以我經常送鳳梨酥給他們，重點是他們相當喜歡這道中式甜點。」但陳孝威送禮還不只送給客戶，甚至連客戶工作的展場工作人員都一併打點，「因為幫我賣輪胎的是展場的工作人員，要是不跟他們打好關係，那麼多不同的輪胎品牌，他們幹嘛一定要推薦我們的？」從人性角度出發，陳孝威送禮絕不分高低，反倒以整體利益的發展作為考量。

多學一點點

最後，陳孝威分享了幾個技巧，讓有心成為國際商務工作者的人，有方向與目標增強自己的實力，爭取更多外國訂單。

1.提昇英語簡報能力：
把自己國際化，才能成為國際人。陳孝威認為許多台灣人英語簡報的能力很差，而且通常簡報做的「落落長」、看不出重點，更重要的是連口語表達的能力都不夠好，講起話來結結巴巴、又不看著台下的人做眼神交流，沒辦法展現出大將之風與氣度，自然也說服不了客戶購買你的產品。

2.國際禮儀要培養：
其實看電影也能學到國際禮儀，陳孝威就建議所有負責招待國外廠商的男性員工，一定要看看麥克道格拉斯（Michael Kirk Douglas）的電影。因為他非常能夠展現出外國人的風範與神采，其中他主演的《華爾街》便是一部相當能夠反應美國社會情況的電影，同時展現上流社會的生活態度與風貌。

3.身段柔軟的自信：
不管今天遇到的客戶層級，你都要表現出「態度」，最重要的是要展現出自信，同時還要讓客戶知道，這筆生意做不成沒關係，更重要的是建立起雙方的友誼。

配合頂級客戶
提升請客品味

再也不用擔心在重要客人前
手忙腳亂、失了顏面

★ 法國波爾多 BONTEMPS 葡萄酒協會榮譽理事長、享譽學經界之「酒博士」專著！

★ 讀《酒的輕百科》入門，讀《頂級酒莊巡禮》深入有錢客戶的世界！

微醺時光：酒的輕百科
全彩 288 頁 / 定價 350 元

詳細解說蒸餾酒與葡萄酒的種類、製造、貯存、烹調、正確品酒方式及其相應之杯類。
除有系統的歸納整理，並穿插上百幅精彩攝影、手繪插圖及 60 道知名調酒，輔以深入淺出的筆調，及至貯
存學問、餐桌服務、烹調、品酒方法等生活運用，韜養讀者的飲酒知識。

法國波爾多頂級酒莊巡禮（修訂版）
全彩 408 頁 / 定價 600 元

全書三大特色：
1. 國內第一本波爾多酒莊專業鑑賞，依頂級分級酒莊制度，嚴選 158 家（波爾多全區酒莊多達上萬家）。
2. 詳述酒莊制度的由來及排名，三百餘種頂級葡萄酒購買指南，詳述評分、價格、鑑賞標準等；修訂版
   公開最新預購價格，是收藏者必備參考指南。
3. 波爾多四大產區詳盡地圖指南，快速指引。由數十年經驗者推薦年份、賞析儲存潛力，專業度無庸置疑。

《偷窺公關女王的人脈筆記》作者吳子平在作者前言中提及，
當她出來創業之後，
深深地體會到「好」人脈的重要性，
使她在創業的第一年靠著人脈就賺進了五百萬。
其中，光是藉由一位熟識的大哥帶著她拜訪幾位老闆，
就替她的新公司帶來三百萬的業績。
這一切都是因為有「好」人脈的「關係」！

吳子平

吳子平／《偷窺公關女王的人脈筆記》作者。曾經主持超過150場記者會、
20場以上的國際品牌時尚秀，服務過國際精品、生活消費、美食、醫療、
財經等不同領域的客戶。而與這些客戶交換後的名片，則被她建立成一本
又一本有系統、有邏輯、撰寫又仔細的「人脈資料庫」，也因這些努力使
她如今成為閃耀的「公關女王」。

採訪・撰文》方嵐萱　攝影》林冠良

拓展人脈，
擴展你的生意版圖

{
1. 不分國界，用人脈網路創造百萬生意
2. 尊重差異，增加與客戶的互動機會
3. 產生共鳴，拉近距離打一場漂亮的戰
4. 找到對的人，在對的時刻發揮作用

「每個人都喜歡被看見、被重視，要是你能夠在下次見面時就認出對方，對方自然也會感覺很棒。」用心地建立自己的人脈資料庫，甚至可連對方換公司與工作職掌歷程變化都能掌握得一清二楚。這項工作，並不分對方是國外或國內客戶，全都一體適用。

當你收到一張新名片時，會先仔細看過名片上所顯露出的各種訊息嗎？暢銷書作家並擔任光鹽公關顧問有限公司媒體總監的吳子平就是這樣的人，「名片上的職稱尤其重要，它透露出這個人所負責的事物權限，也代表著對方在業務範圍中可能會接觸的人脈，而這些都是開啟彼此認識的話題。」除此之外，當第一次見面回到辦公室之後，吳子平還會將對方的人格特質、興趣、喜好、家庭狀況，或是聊天內容仔細記錄下來，並依照目前她的個人需求與業務相關性進行分類，利用名片建立起自己的「黃金人脈存摺」。

1 》 不分國界，用人脈網路創造百萬生意

「我對人真的太有興趣了！當我對一個人非常感興趣的時候，就會利用網路google對方的各種訊息，並把這些記錄在對方的個人履歷上，除了能夠加深對此人的認識，也可作為未來與對方交往的談話基礎。」

看到這裡或許你會覺得，應該沒有多少人可以有那麼大的耐心與毅力，花那麼多的時間去整理這些資訊，但她卻說就因為每天必須處理的事情太多，平時就花一點時間紀錄，反而能簡化關係管理的工作。

2 》 尊重差異，增加與客戶的互動機會

過去長時間服務國外精品廠商的經驗，讓吳子平有許多機會可以接觸外國客戶，並在過程中逐漸摸索出不同國家員工在工作、文化背景上的差異。面對歐美客戶，吳子平強調絕不能以台灣人慣常做生意的態度與他們交流，例如中國人見面時都喜歡先寒暄、客套幾句，然後再加暖場；但對於歐美客戶，特別是北美的廠商，他們偏好「講重點」，等到重要的公事談完之後，才有可能閒聊幾句，不過吳子平說就算是這樣的機會也很少，「我認為這是養成的文化背景造成的差異，以至於連工作習慣也有很大的不同。」

她說和歐美國際廠商合作，幾乎都是先與台灣本地分公司接觸之後才有可能建立起聯繫的管道，「好比台灣Tiffany分公司覺得我們很不錯，主動收集我們的各項資訊之後，推薦給國外總公司，對方才有可能考慮。」接受後，國外廠商通常會要求先看過公司履歷，了解曾經服務過哪些國際廠商，最後做出哪些實際績效，以此判斷是否要進行第二階段的接觸。

所謂的第二階段也就是透過「視訊會議」進行更深入的了解。「因此，台灣分公司的推薦非常重要，這也是這一行相當

制式的商業模式。」此外，歐美顧客只要把工作交付給對方，就會全然的信任對方的專業，不論是e-mail或視訊過程大部份談的事情，還是圍繞在目前工作的狀況、進度與時程安排。但日本廠商的性格則不同，「日本人很重視 持ち（kimochi），只要讓他們開心，通常訂單很快就會下來。」

3 》 產生共鳴，拉近距離打一場漂亮的戰

遇到國際品牌總公司的老闆、經理到台灣勘查，吳子平便有機會與對方做近距離的接觸與觀察，她認為必須參考不同的文化背景安排行程，例如歐美廠商來台灣談完工作之後，通常會希望看一看其他國際品牌在台灣的市場狀況，那就帶對方去逛百貨精品，結束之後再安排一些比較藝文的活動，例如在飯店的Pub聽音樂、喝飲料。「之前曾經服務德國一家百年衛浴品牌，當時對方代表來台灣時，就主動要求想去中正紀念堂與故宮。日本人在工作結束後則會喜歡比較entertainment的活動。」吳子平認為只要弄懂不同國家的民族性，大概都能皆大歡喜。

吳子平提到接待國際廠商時，語言能力是最基本的要求，但這不代表托福考滿分

多學一點點

「保留每一張名片同時有計畫的管理，並在第一次與人見面結束後，預留下次見面與合作的機會，因為這些關係很可能左右你的未來發展」！

和客戶第一次見面後，可將對方的人格特質、興趣、喜好、家庭狀況，或是聊天內容仔細記錄下來，並依照目前她的個人需求與業務相關性進行分類，建立起自己的「人脈資料庫」。

偷窺公關女王的人脈筆記
吳子平

就有辦法與外國廠商溝通,特別是休息時間若想要與對方拉近關係,通常就會選擇一些輕鬆的話題談聊,不過也有比較難掌控的部份,其中最難的就是「笑話」與「興趣」。「台灣語言教育著重的都是以考試為主的內容,所以經常對方講了笑話,我們卻不知道笑點在哪,對方自然也會覺得跟你無話可說。」

要突破這個狀況,吳子平認為須多方涉獵對方國家的訊息,同時還要培養各種不同的興趣與喜好,「好比台灣文化長期忽略運動的重要性,但若剛好招待的是歐美廠商,而你又能談足球,那肯定可以快速拉近彼此的距離。」

這也就是為何吳子平非常強調建立「公私不分」關係的重要性,因為人脈經營最需避諱的就是讓人感覺到你的「目的性」。所以除了公事之外,也應該要有私人的交情,「因為可以讓自己信任的人是有私交的人,就算對方是大老闆也要不卑不亢的來往,對方也才會尊重你。」所以,藉由放鬆的時候談聊一些小事、興趣、喜好,以此拉近彼此的距離,建立起來的關係就會更長久。

4》 找到對的人,在對的時刻發揮作用

從事公關工作十多年的時間,吳子平靠著她過人的毅力,以及對「人」的極大興趣,替自己建構了一條寬廣的「人脈大道」。但她的人脈經營方法並非先天就有這樣的概念與想法,而是經過多年來不斷找機會去嘗試、更新與內化之後訓練出來的結果,「這一切也構成了我現在的個性」,她強調「對人很好奇」這件事情則是本性。因此她認為只要用心、願意花時間練習,每個人都可以建立起自己的人脈存摺,當有需要時就能夠找到「對的」人來幫助自己。吳子平就舉了一個例子,說明人脈影響力的效果。

先前她替一家傳統產業的公司做行銷策略規劃,結果對方在各項報導與行銷工作全都結束後,卻不支付尾款,還把她當成詐騙集團,使她難過了好一段時間。後來吳子平得知這個老闆會去參加一場餐敘,於是找來與這個老闆熟識的朋友一同參加,過程中就由這位朋友帶著一起去見對方,「朋友就跟那個老闆說:我這個妹子開公關公司很努力,要挺一下啊!」就這樣,吳子平收到了尾款。「這就是人脈的重要性,你得找到對的人幫你背書,但這個人是否願意幫忙,則取決於你是否愛惜自己的羽毛。」

這也是為何吳子平一直非常堅持「人脈分享不要小氣,但不能亂用」,因為對她來說任何一張名片,都具有十足的力量,能否發揮則取決於自己是否願意用心經營。

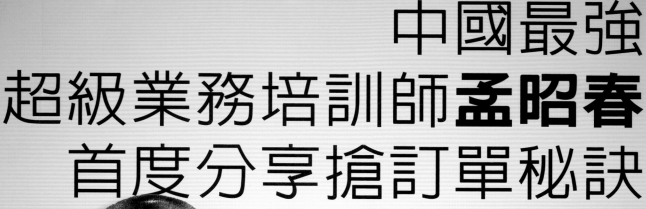

很多中小企業主做生意時，
常會受限於公司規模而把自己給做小了，
但其實根本就不需要自我設限。
小企業要搶訂單，
先必須搶攻顧客的心。

卓天仁

從事教育訓練多年的卓天仁，從一開始拓展台灣業務，到現在擴及大陸地區，一路走來全靠著過人的毅力，以及對每一位顧客需求的挖掘與細心照料，才能成就現在的事業。此外，還將自己努力的經驗化成文字，先後於2010年與2011年出版《遇上財神爺》與《別怕創業》兩本暢銷著作。

採訪・撰文》方嵐萱　攝影》子宇影像工作室

以小搏大，
4步卡到絕佳的戰略地位

1. 知己知彼，把Google當成私人偵探
2. 延伸觸角，搶攻新訂單
3. 和顧客搏感情，把握機場專車接送的時機
4. 心思縝細，用誠懇打下交涉基礎

一般中小企業主常把自己想的太小，總認為大公司代表出去談生意就會比自己要來的有優勢，巔峰潛能教育訓練機構執行長卓天仁卻有不同的看法，他認為從出發點來看，大公司與小公司都是為了做生意而努力，唯一的差別就是大公司投入比較多的人力、物力，而中小企業規模小，但都是為了同一件事而競爭，「因此，中小企業主不該小看自己！」而是應該利用真誠的態度，讓顧客感受到自己的真心，取得對方的信任。

此外，卓天仁也提醒所有中小企業主，不要以為在台灣國內吃得開的大公司就在國際市場中吃得開，「因為國際企業太多，誰能記得住那麼多企業的名字？！」

1 》知己知彼，把Google當成私人偵探

在開發新客戶之前，一定要先了解對方的背景、來歷與公司狀況，以前電腦科技還沒那麼發達，資訊大多來自人際間的訊息交換，但現在只要上網就能夠知道這個客戶的背景，「Google一下，對方的好消息、壞消息，全都一覽無遺。你想要知道的所有一切，幾乎都能夠查到。」這將有助於率先替自己篩選客戶，確認對方的業務範圍與自己相關，才不會發生做白工的情形。

其次，卓天仁也建議可以多利用政府網路系統進行資料查詢，好比利用經濟部商業司的「公司及分公司基本資料查詢」系統，就能夠查到這家公司的基本資料，

其中包含基本的「公司狀況」、「資本額」、「代表人姓名」、「地址」與「所營事業資料」，其中又以「所營事業資料」最為重要，因為裡面會註明該公司所有營業項目。「這是最準的，因為所有內容都是公開資訊，絕對不會出錯。對方公司的官方網頁也一定要看，這都是熟悉對方的方法，也是關係建立前的重要功課。」

曾經也擔任過傳產業務的卓天仁就分享了自己的經驗，並強調別小看任何一筆資訊，因為有時它會成為「成交」的重要敲門磚。每當他想要與某家公司合作，就會仔細查自己的業務內容屬於對方公司哪一個部門負責，打電話拜訪時就可直接請總機轉到該部門，「只要你給的指令很明確，這些守門人通常就會直接幫你轉接而不會想太多。」如此就能避免被總機擋下或被掛電話的命運。「切記一定要先做功課再行動，因為你很可能只有這一次機會！」另外，卓天仁還提醒到，轉接之前別忘了詢問總機轉接的分機號碼，「以後你就無須再通過總機，直接就能與負責人對談。」

2 》延伸觸角，搶攻新訂單

自從開始從事教育訓練工作以後，卓天仁已代理過不少國際知名講師課程，其中包含：《有錢人和你想的不一樣》哈福艾克；《世界心靈潛力激發大師》安東尼羅賓；秘密導師瑪西．許莫芙等等世界大師課程。問他為何能夠成功代理這些大師，

卓天仁回答方法很簡單：「就是拿起電話打過去！」

他最常做的方法就是看目前市面上那一本書最好看、賣得最好，直接打國際電話去拜訪作者，然後就成功了。「因為這些國際大師很可能根本沒來過台灣，對台灣市場完全不熟悉，突然接到來自『台灣』的邀約他們也會很興奮！」畢竟所有以營利為導向的公司或個人，對於新興或有待開發的市場都充滿了期待。

「所以你才是老大，無須被對方牽著鼻子走，談合作的過程中還要不卑不亢的與對方交流，才能夠贏得對方尊敬與得到應有的報酬。」卓天仁也建議可以利用各種研討會或國際會議場合結識想要開發的廠商，好比他第一次要代理哈福艾克的課程時，就是先去新加坡上課，利用課程認識亞洲區SR課程的總公司人員，並建立良好互動，因而獲得台灣票務代理。

3 》 和顧客搏感情，把握機場專車接送的時機

在與顧客建立關係之前，卓天仁認為應該要先釐清一件事情，那就是對方是屬於「一次性」、「中長期」還是「命根型」的客戶。「不同屬性的客戶，自然也會決定接待他們的方式，並且以此規劃出從對方飛機落地之後的一切行程安排。」

例如「一次性」客戶，卓天仁秉持「賓主盡歡」的觀念，務求讓對方感覺到受尊重。「中長期」的客戶則除了尊重還要有禮數，並且要能「念念不忘」。至於「命根型」的客戶除了一年三節要問候，平時也該勤於聯繫，一定要將對方放在心上。

但不管是任何一種關係，卓天仁強調一定都要有專車接送。「對方剛到這個陌生的地方，踏上全然不熟悉的環境時，那個興奮度是最高的，因此車上談的事情就非常重要，兩人關係建立的基礎也就在那一刻決定。」理由不外乎：「這是兩人第一次見面！」

接機到飯店那段路程通常可以取得許多有用的資訊，好比可以在車上確認各項工作需求或是否有其他行程安排，並從閒談過程中找出對方的喜好。卓天仁就提及自己的經驗，曾有次接待的大陸客人在車上說：聽聞台灣鼎泰豐小籠包很有名。儘管當時並沒有排入這個行程，還是可以立即修改行程務必達成對方的心願。

還有一次招待一位國外演講者，對方主動詢問台灣是否有賣某「法國」品牌礦泉水，負責招待的幹部跑遍全台北終於找到一處有賣那個牌子，連續三天不管講者去到哪都可以喝到這個牌子的水，讓對方因此對台灣廠商印象深刻。「許多人都是等到人進了飯店才想跟客人聊正事或確認事項，但進了飯店誰都想要好好休息不是嗎？」因此，卓天仁建議抵達飯店後就是貼心的送份迎賓禮物，接著就讓對方好好休息，這樣反而會取得好感。

4 》 心思縝細，用誠懇打下交涉基礎

所有人都知道與重要客戶建立長久關係

很重要，因為只要他們願意拉你一把，那比其他人幫你十次都還來的受用，但問及該如何維持或建立這樣的關係時，卓天仁卻給了這樣的答案：「這些人他們太有經驗了，世界各地跑透透，什麼樣的人沒接觸過？！」因此，卓天仁認為不用去想要做什麼很特殊的事情，反倒應該是用非常真心與誠懇的態度和對方交往。「不管預算大小、規模大小，首要就是發自內心，讓對方感受到自己的心意，如此一來他反而更想幫你！」只要掌握好這一點，就可以確保當對方要離開之前彼此之間已留下很好的印象。

卓天仁認為想讓對方備受禮遇，並感覺到自己的用心，最好就是每次用餐的地點自己都能先去吃過，特別是招待「命根

型」的顧客更要如此。卓天仁分享先前招待一個大陸重要客戶的例子，他先去餐廳試吃，確認那家餐廳的菜色，以便當天可以點到餐廳裡最好吃的菜色，此外他還會觀察動線，當客戶要去廁所時能夠第一時間告訴怎麼走，「這些都是小事情，但他們都看在眼裡！」

最後卓天仁建議，所有第一線的接待人員在接待客戶的過程中，一定要把自己調整在最佳狀態，要是真的沒辦法調整，那就一定要換人，否則傷害的不僅是公司形象，對自己的職場生涯更是重大的打擊，畢竟顧客很有可能直接跟公司抱怨你的缺失，「切記不要硬做，也不要帶著情緒去做。展現最好的一面才是專業者工作者！」

多學一點點

招待客戶來台之前除了確認對方的班機時間、飲食習慣、各項行程安排之外，最好是能夠把時間軸拉出來，將每一項工作都排定時間，好處在於絕對不會發生錯失的情況，也能把工作做到盡善盡美。

■ 行程安排表（參考範本）

日期	時間	工作項目	確認狀況
11/20	（日本時間） 11：32 am	上飛機之前就先發簡訊給對方，告知台灣目前的天氣狀況與現階段工作狀況。	OK
11/21	（台灣時間） 15：56 pm	抵達第一航廈，接機，並於行車過程中確認對方是否有新增的私人行程，或是有無特別想去的地方。	1.想去故宮，確認明天行程是否可以安插。 2.11/22晚上與朋友有約，晚宴取消。
	17：00 pm	抵達飯店，休息。致贈小禮物。	OK
	17：30 pm	再次打電話到餐廳確認訂位狀況	OK
	18：30 pm	接客人吃晚飯，與老闆餐敘。	OK
	21：00 pm	送客人回飯店休息，確認客人起床時間。	OK
11/22	07：30 pm	接客人往會場移動	OK
	08：20 pm	抵達會場	OK
	：	：	OK
	：	：	OK
	17：00 pm	會議結束，客人有私人聚餐行程	OK
	：	：	OK

撰文》方嵐萱

關於「好」業務的定義

因為《會請客才是好業務》的採訪邀請，
才有機會結識公關女王吳子平、
LED公司老闆陳孝威、教育訓練公司負責人卓天仁、
活動企劃公司經理施慕筠（P.84），四位分別在自己領域各有所長的人物。
採訪過程中除了聊主題，
也針對「好」業務的定義做了一番討論，
礙於篇幅限制而未收錄於專訪內文中，
在此藉由「後記」的形式再做補充。

「好」業務，通常眼神銳利有神、散發著一股經驗老道、聰明能幹的氛圍，但這可不表示他們讓人感覺「花言巧語」，或是有「強迫推銷」的特質，反而是展現出對任何事情都能「腳踏實地」確實做好的態度。具備這種氣質的業務，大多也能令人感覺安心，並給人一種責任感很強的印象。與他們四人交談過後，我也確實從他們身上感受到這樣的氣氛。

此外，四人說話「重要點、講條理」，這也反應在他們對於採訪問題的準備上；好比四人都在第一次電話約訪時就先詢問是否有訪綱，並在掛上電話前再次確認採訪日期與所需時間。

等到正式採訪當天，不難發現他們都是有備而來，每個人都在自己的訪綱上寫滿各項「備註」。施慕筠甚至還仔細準備各種補充資料，一邊解釋大陸人士來台參訪申請流程，一邊抽出申請文件作為說明，

務求讓我了解所有細節。

擁有「積極」的性格則是另一項特質。從Top Sales轉戰公關界同樣成功、耀眼的吳子平則顯現出另一種「積極性」，積極地想要弄清楚讀者是誰、年齡設定、題目方向，最後也積極地想要知道自己的回答是否切合採訪需求。吳子平在談話中便提到：「成功的業務就是要主動發覺客戶的需求，找不到，那就替客戶創造需求！」是啊，身為Top Sales若不具備積極的態度，怎麼可能爭取到最多的客戶、最大筆的訂單？！

講回「會請客」這件事情，對他們四人來說「賓主盡歡」應該是低標，做到「貼近需求」，甚至「創造需求」，讓客戶在整個接待過程，無時無刻都感覺「安心」、「貼心」、「開心」甚至，最後離開台灣前對自己的招待難以忘懷，才是他們的最高標準吧！

找張餐桌談生意

18家讓老闆甘心買單

客戶安心下單的商務好店

當設宴款待國內外客戶成為業界常態，
你選對餐廳招待貴賓了嗎？
什麼樣的餐廳適合宴請客戶？哪些話題的生意談成率最高？
以下我們按預算，依各式料理分門別類，為你找到合適的宴客場地，
讓你更有籌碼達成業務商談，提升職場加薪力。

攝影》李國良

預算 NT$**1000**

綜合創意料理

■ 企業家品味聚餐
■ 時尚編輯、設計人獨愛
■ 中式創意菜

編輯小評

交通便利度：★★
裝潢氣派度：★★★
美食賞味度：★★★★
餐廳話題性：★★★★

國父紀念館建築師王大閎設計的寓所「虹廬」。

採訪・撰文》林俞君

獨特空間與創意料理，讓你有面子的待客殿堂

四知堂

四知堂老闆是人稱「超人」的陳超文，知悉者馬上會將他與「生活風格」聯結，他是音樂製作人，發掘獨樹一格的陳綺貞、楊乃文；他愛跑歐洲，引進義大利橄欖油、陳年紅酒醋，持續推廣飲食文化；他為名流雅士及自己的幾家餐廳做室內設計，從世界各地蒐羅來的復古家具、收銀機、藏寶箱，使空間滿載趣味。

打開客戶話匣子

清水磚讓人聯想起日本建築名家安藤忠雄的設計特色，簡約素雅，近年頗受大眾喜愛，但四知堂所在的「虹廬」興建於1960年代，建築師王大閎在當時可說是做了前衛的創作；四知堂老闆陳超文也堪稱前衛，陸續於台北經營過幾間知名餐廳，像是兔子聽音樂、佃權、非零餐廳等，不侷限菜式、空間營造各異其趣。無論是王大閎或陳超文，這種「不設限」的態度是洽商時必備的，因為經過思慮所以走在趨勢前端，不畏懼創新，以此贏得合作夥伴的青睞！

建築外觀不對稱清水磚可見名家風範，原來是設計國父紀念館之建築師王大閎的作品，四知堂雖位於一樓，但有圍牆與隔廊，廊上充滿綠意盎然植栽，陽光斜打入窗，兼具私密性與開闊感，早先為「超人」的私人招待所，因深受藝人喜愛，知名度漸開，才改為對外營業，時尚圈、藝文界、企業人士特別喜歡在此用餐。

餐廳料理風格為中式創意菜色，以書法手寫的雙面菜單共十來樣菜，名稱樸實但融入新手法：「金銀豆腐蛋」這道厚實下飯的的烘蛋，內含雞

走入「天知、地知、你知、我知」的四知堂，就像來到老闆「超人」陳超文家中，他蒐藏的傢俱、他看的書、他聽的音樂，凝聚舒緩氛圍。

蛋豆腐、馬鈴薯碎片增加香氣及口感；「杏鮑菇南瓜沙拉」是溫沙拉，使用多種珍稀食材如無花果、石榴，淋上橄欖油、紅酒醋、鹽之花，引出天然美味。

主廚蘇金枝除了研發料理也兼顧外場，通日、英、法文的她細膩觀察客人需求，若遇重要餐宴，老闆「超人」或主廚會適時上前交流，使主人有面子，也讓用餐氣氛歡愉自在；餐後出其不意送上每日法式甜點、及滑順至極的豆漿奶酪，是驚喜，更是貼心。

訂位資訊

地址：台北市濟南路三段18號1F
電話：02-8771-9191
營業時間：
中餐11:30~14:30（最後點餐時間14:00）
晚餐17:00~21:30（最後點餐時間21:00）
店休：每週一公休
刷卡：可
席位：50席
訂位：建議三天前電話訂位（無網路訂位）
包廂：無
開瓶費：500元／瓶

點菜小叮嚀

另外像是香港電視台高級主管必吃的「花雕龍鳳豬腳」、以慈禧太后喜愛的櫻桃肉變化成「櫻桃肉冬瓜湯」，都是主廚推薦創意菜式。有魚有肉時，魚先上、搭配白酒；肉後上、配紅酒或進口啤酒，主廚蘇金枝會親自為賓客安排上菜順序，需要佐餐酒儘管放心詢問。

遠洋而來的復古收銀機、小物品，在現代中式空間中安然得宜。

Order>> 討喜度100%經典菜色

1. 「杏鮑菇南瓜沙拉」可依用餐人數調整份量，豔黃南瓜、透紫甜菜根、淨粉蓮藕，繽紛色彩堆疊而上，每每上桌都能博得驚呼；低溫烤過的蔬菜褪去生冷，保留食材養份，中心埋藏的醉雞皮Q肉甜，清爽開胃，適合作為一餐美好的開始。

2. 「蒸烤野生海魚」是登上日本旅遊雜誌的招牌菜，許多日本賓客按圖索驥，踏入四知堂指名這道料理；用橄欖油、香料、海鹽輕度調味，蒸烤後魚肉的鮮甜流瀉，再淋點檸檬，便是滿足滋味。（時價，約NT$1000以上）。

3. 紮實功力製成的特厚烘蛋「金銀豆腐蛋」，內有雞蛋豆腐、馬鈴薯，外佐小番茄及茴香，NT$350。

4. 招待手工麵包，沾麵包的橄欖油、紅酒醋，以及多支紅白酒，皆可於店內選購。

巷弄間被老樹環繞的青田七六。

預算 NT**$1000**

日式定食料理
■ 三級古蹟，懷舊風情
■ 人文薈萃，適合藝文、文創產業

編輯小評

交通便利度：★★★
裝潢氣派度：★★★
美食賞味度：★★★
餐廳話題性：★★★★★

窗上墨跡「有朋自遠方來，不亦樂乎」，表達主人迎客的心。

曾為主臥室的20人包廂，適合公司行號開會聚餐。

採訪 · 撰文》林俞君

靜謐日式老房，在窗明几淨中卸下心防

青田七六

「青田七六」不只是一間餐廳，餐廳經營團隊由台大地質系校友組成，除了供人在參天老樹、日式木造老房、文人書畫擺設的環境用餐，並利用巧思在陳設及料理中埋下地質教育的種子。鄰近的台大、師大師生喜歡來這聚會，脫了鞋，隔著襪子輕踩帶著歲月痕跡的木地板，坐在應接室、書齋、子供房餐敘，日式建築規格融入西式凸窗，庭園綠意盡收眼底；設計公司也常預定可容納20人的座敷（昔日榻榻米主臥室），架上投影機與布幕，展開腦力激盪讓創意發芽。

打開客戶話匣子

馬廷英教授一生鑽研學問，在名作家兒子亮軒（馬國光）眼中是個性堅硬的優秀學者，相對便忽略了與家人的互動，年少時的亮軒與父親是對立的，退伍後因誤會離家，再訪父親已是婚後，但父子關係仍未破冰；直到父親及遺眷相繼過世，教職員宿舍被台灣大學收回，對父親的愛未曾說出口。好在同為台大人的「青田七六」經營團隊不願見老屋殆盡，以餐廳模式維持古蹟修護經費，亮軒終能透過導覽，回老家懷想父親；這愛恨情仇與兩代和解，都寫在其著作《壞孩子》裡。

青田街七巷六號是台灣地質學者馬廷英故居，馬教授長子為名作家亮軒，在老家被政府列為三級古蹟後，亮軒也定期於非用餐時段為民眾導覽，述說屋內數不清的故事。

榻榻米大包廂中，有面窗留下馬教授兒子練字的痕跡：「有朋自遠方來，不亦樂乎」，墨水隨歲月淡成灰色，但迎客的心歷久彌新；鉅作《巨流河》作者齊邦媛年少時亦曾借宿於子供房，大大小小的空間孕育出偉大靈魂。

除了正餐時段，這脫離城市喧囂的古蹟餐廳

也是下午茶及喝小酒的好地方，陽光室是半戶外用餐區，有玻璃屋阻隔保持環境清爽，竹簾篩漏天光，空間內明亮舒暢，心情得以放鬆；或者來瓶台灣自釀水果啤酒，點幾支串燒，觥籌交錯間天南地北聊開懷。

訂位資訊

地址：台北市大安區青田街7巷6號
電話：02-2391-6676
營業時間：
中餐11:30~14:00（最後點餐時間13:30）
下午茶14:30~16:00
晚餐17:30~21:00（最後點餐時間20:00）
店休：無
刷卡：可
席位：室內50席，室外30席
訂位：假日需一至二週前訂位。每月15日起開放下月訂位（無網路訂位）
包廂：3間，分別容納4、6、20人，各有低消，請於訂位時詢問
開瓶費：紅白酒300元／瓶，烈酒500元／瓶

Order>> 討喜度100%經典菜色

1. 定食類皆附綜合海鮮鍋，各別單點定食份量已足夠，想澎派些則可加點幾道單盤料理。「圓鱈西京燒定食」主食深海鱈魚以味噌醃過再烘烤，滴上金桔清爽順口，紋理分明，肉質鮮嫩但不軟散。（NT$480）。

2. 「青田水餃定食」適合想品嘗中華料理的外國客，色彩繽紛、餡料多元飽滿，是唯一非日式料理，據說馬廷英教授盛年時會一次吃下數十顆水餃，飽足後好幾餐不食，埋首書堆。現在的水餃經過改良，每份含蝦仁、高麗菜豬肉等口味，以繽紛的紅蘿蔔、菠菜入麵皮，是賞心悅目的清爽餐點。（NT$280）。

3. 愜意地吹著微風，佐以烤雞肉串（NT$120）及台灣水果啤酒（每瓶NT$160，荔枝、哈密瓜兩種口味）。

4. 週末下午茶時段經常客滿，茶點套餐含飲料及甜點（NT$150~NT$200），今天喝的是「熱浪水果茶」。

5. 青田七六並販售具台灣特色的點心，譬如連結台灣常見岩石，依其形貌研發出焦糖牛奶（擬北投石）、芝麻牛奶（擬安山岩）…六種風味冰淇淋；酸甜開胃的水果乾則有整顆草莓、芒果、番茄、芭樂四種選擇，搭配台東鹿野的醇厚紅烏龍茶，是外國客人常帶走的伴手禮。

日文稱架高的走廊為「廣緣」，穿梭期間感受時節。

| 預算 | NT **$1000** |

日式精緻料理

- 日式料理
- 套餐、單點，選擇性高
- 適合輕鬆餐敘

編輯小評

交通便利度：★★★★
裝潢氣派度：★★★
美食賞味度：★★★★
餐廳話題性：★★

可容納14人的隱密大包廂。

採訪・撰文》林俞君

超值日式套餐，視覺、味覺同步到位

秋料理

「秋料理」的前身是私人招待所，經常往返港台的老闆嗜吃日本料理，對美食極為挑剔的他索性禮聘師傅，以一流手藝犒賞自己、招待親友，品嚐過的朋友覺得這份美味只讓少數人享用太可惜，才有了「秋料理」的誕生；秋天是豐收的季節，「秋料理」欲傳達給顧客的便是富饒的味蕾體驗。

打開客戶話匣子

日本師傅要站上「板前」（吧台），需經過磨練與積極自學，察言觀色、充實內涵，培養恰到好處與客人交談的功力；有些人吃日本料理喜歡坐板前，雖然空間稍小，但可享受第一線服務，達人因應客人需求出菜，解說品嚐方法，並詢問料理是否合胃口，謙謙有禮帶動席間氣氛，當然，若客人正暢談無礙，板前師傅便會靜靜地為您上菜。這番用心與業務類工作相似，如何切中要點，說到客戶心坎兒裡，發現並解決問題，皆是經努力不懈才能「出師」的學問。

「秋料理板橋旗艦店」雖位於新北市但交通非常便利，甫出新埔捷運站2號出口就能看到餐廳所在的馥華飯店，寬敞簡約的空間處處以清酒點綴，菜單上也有十餘種日本進口酒供選擇；餐廳供應NT$280~NT$1,680各式套餐，單點品項定價介於NT$80至NT$680之間，一千元以下即可享受兼具精緻度與豪華感的日本料理，難怪商務客絡繹不絕。

「大滿貫套餐」以NT$880的價格呈現十道菜，誠意十足。菜單每月調整，留下客人反應最好的，並持續推出季節料理，從先付（前菜）、刺身

（生魚片）、燒物、煮物、吸物⋯到甜物，以海鮮為主秀，道道展現細活兒，譬如煮物中的「南瓜星鰻」，為了中和南瓜的生味而加入馬鈴薯，食材蒸熟後用網子研磨過篩並均勻混合，費時費工。

　　套餐裡的季節握壽司盤出現比目魚鰭，顧名思義，一條魚只有兩片鰭，食材珍貴，肉質脆爽有彈性，飄逸的形狀是魚卵、鮭魚、花枝握壽司外的驚喜。

訂位資訊

地址：新北市板橋區民生路二段251號2樓
（馥華飯店2樓）
電話：02-2259-9766
營業時間：
中餐11:30~14:30
晚餐17:30~21:30
店休：無
刷卡：可
席位：70席
訂位：2~3天前，電話或網路（http://akijp.com.tw）
包廂：2間，7人小包廂低消NT$5,000，14人大包廂低消NT$10,000
開瓶費：300元／瓶

Order>> 討喜度100%經典菜色

1. 整套「大滿貫套餐」（NT$880）上桌，香甜的維也納炸蝦、軟嫩的陶鍋牛肉、四款季節握壽司…經典日式料理一次滿足，氣勢驚人、表裡兼具，人數少的聚餐也能品嘗多元化料理，非常超值。

2. 套餐中的季節料理「維也納炸蝦」一向評價高，西式的塔塔醬、墨西哥莎莎醬，為炸蝦帶來新風味。

3. 酒水方面，餐廳特別設計「清酒套餐（4杯）」，良志久、花之舞、瑞鷹純米和梅乃宿柚子酒，濃烈與清爽交錯，服務人員並會解說飲用順序，品酒助興也是日本飲食文化中不可缺少的環節。實惠價NT$200。

4. 套餐中的三樣先付隨季節更替，圖為日式春捲、明太子蝦、花枝拌醋味噌。

5. 料理長為壽星準備的小驚喜，暱稱「壽司蛋糕」，並大方鋪上鮭魚卵。

6. 海鮮每天從基隆運來，「特上刺身」（NT$680）採用頂級食材，凝脂般潤口的干貝、海膽、魚片完美上桌；除了套餐及單點，板前（吧台）設有每天限定名額的握壽司吃到飽，十五種以上的壽司無限放送。

德式家常料理

■ 適合台灣客
■ 適合深入交談
■ 口味偏鹹的下酒菜

編輯小評

交通便利度：★★★
裝潢氣派度：★★★
美食賞味度：★★★★★
餐廳話題性：★★

店內展示Luke參加德國葡萄酒節，帶回許多紀念性的物品，包括酒杯、紀念酒等。

恆溫的酒窖裡羅列部分藏貨，德國酒在台灣不如法國波爾多般廣泛為人知，找酒時，Luke會不厭其詳的說明，也提供試飲。

採訪・撰文》李怡慧

德式輕盈淡雅酒香中，與客戶如好友般把酒言歡

1516Bistro 歐風小酒館

台北德國料理老店不少，Luke這間以德國酒為主的小酒館卻不常見，特點在於提供多款獨家進口的德國酒。老闆Luke說得一口專業德國酒經，本身曾幾次赴德國葡萄園下田體驗，並學習製酒過程，還拿到侍酒師執照，當地葡萄酒節歡慶氣氛讓他難忘，對於德國葡萄酒的喜愛與熱忱，是這間餐廳誕生的主因。

打開客戶話匣子

在歐美，用餐時搭配紅白酒，是很常見的習慣，德國酒清爽淡雅的味道很容易被接受，涼涼入口搭配下酒菜，嚥下喉後是滿懷的暢快，很容易讓人敞開心懷，談起生意來更是得心應手；討論德國葡萄酒的相關知識更能豐富談話的內容，現場還有專業的Luke可以提供諮詢，卸下心防後，後續談什麼都更簡單了。

德國酒不似法國葡萄酒混合多種葡萄品種，帶著厚重的單寧味讓許多初品嘗葡萄酒的人不能接受；德國酒反倒以單一品種釀造，不進橡木桶，帶著優雅且清爽豐富口感，微甜讓人一喝就愛上，果香氣息更讓女性喜愛，適合初入門者品嘗。

這裡的下酒菜走的是德國家常風味，Luke重現味蕾的記憶，如「德式芥末酸豆馬鈴薯沙拉」，加入芥末子、酸豆手打的沙拉醬，就是德國家庭常作的料理，「香酥櫻桃雞腿配德式泡菜」將棒棒腿修成櫻桃狀，下墊的德式泡菜–高麗菜浸香料醋汁，與台式泡菜迥然不同，很解膩。「脆皮德國豬腳佐香料酸菜」以老滷處理過的豬腳鹹度適中，表皮炸過再煎，外皮脆且不乾，是道很具特色的德國小品。

喝德國啤酒或紅酒，配著溫馨德國家常菜是一大享受，適合帶著合作多次的客人來此體驗小酒館的慵懶氣氛，健談的Luke很容易交朋友，討論酒經是一大樂事，這裡不像PUB那樣吵雜，招待賓客時可藉此鬆懈彼此心房，增進感情，商務洽談更容易！

Order>>　討喜度100%經典菜色

1. 德式芥末酸豆馬鈴薯沙拉160元／這道德國一般家庭常見的料理，沙拉口感很清爽。

2. 香酥櫻桃雞腿配德式泡菜280元／像櫻桃狀的棒棒腿，下面帶著淡淡酸氣的德式泡菜很開胃，也很解肉質的油膩。

3. 德式培根洋蔥薄餅150元／這是Luke最得意的招牌菜之一，餅皮薄、很順嘴，在德國葡萄酒節慶時是必備料理。

4. 喝酒的最佳下酒菜可搭配「招牌德國香腸炒鮮蝦錦菇」，以台式三杯雞結合德國香腸的作法，不僅是道地的下酒菜，亦是人氣餐點。

Drink>>　男女客戶必點酒類

許多人要找德國酒都會來問Luke，推開儲酒室，羅列多款德國葡萄酒，如賓客以男性為主，適合點以釀葡萄酒的酒渣蒸餾過的Gewürztraminer Grappa這款酒，飯後一杯可消脹；或是出自Riedenburger萊登堡的有機酵母啤酒weiß bier Hell，還拿到有機認證，但小心會忍不住一瓶接一瓶的喝不停喔。

如商務對象為女性，則推薦Riesling Kabinett Trocken這款白酒，出自Pfalz產區的Schenk-Siebert酒莊，得到德國農業協會金牌獎DLG，是德國酒的入門款，前、中餐期都適飲。Spätburgunder Weiß herbst屬半甜清爽口感，曾得過Pfalz產區銀牌獎，這兩款酒冰冰喝口感最棒。Luke也提供部分酒的試飲，可以嘗試後再做決定。

1. Riesling Kabinett Trocken 1300元／這款白酒屬於德國酒的入門款，出自Pfalz產區的Schenk-Siebert酒莊，曾得到DLG獎項，酒標上標示很清楚。

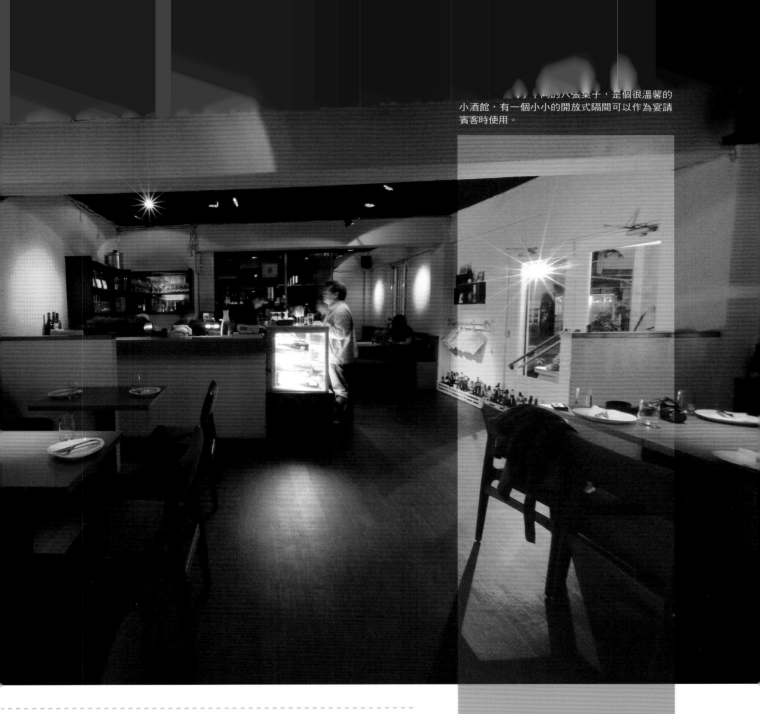

……下崗的八張桌子，是個很溫馨的小酒館，有一個小小的開放式隔間可以作為宴請賓客時使用。

2. wei ß bier Hell 280元／出自Riedenburger萊登堡的有機酵母啤酒，酒標上有顯示有機認證。

3. Gewürztraminer Grappa　1300元／以釀葡萄酒的酒渣蒸餾過，酒精濃度41%，飯後一杯可消脹。

4. Spätburgunder Wei ß herbst 2008 1300元／曾得過Pfalz產區銀牌獎，帶著微微的美好甜味。

訂位資訊

地址：台北市中山區復興南路一段30巷4號
電話：02-2740-5586
營業時間：
中餐12：00～14：00
晚餐18：00～24：00
店休：每週日公休
刷卡：可
席位：24席
訂位：人數多時最好事先訂位
包廂：有非密閉式的隔間
自帶酒水開瓶費：300元／瓶

主廚方志宏親自示範炭烤牛排的過程。（簡歷：西華飯店、法樂琪廚師、國賓A CUT STEAKHOUSE一級廚師、MARKET CAFÉ副主廚。）

預算 NT$**1000**

buffet異國料理

■ 適合歐美客／中東客
■ 特定產業；適合深入交談
■ 綠色餐廳，食材講求環保有機

編輯小評

交通便利度：★★★
裝潢氣派度：★★★★★
美食賞味度：★★★★
餐廳話題性：★★★

採訪 ‧ 撰文》李怡慧

天母商圈的新鮮料理，商務洽談的獨家祕境

MARKET CAFÉ
味‧集廚房

與飯店等級的Buffet相比，這裡的選擇雖不算最多，而是將重點放在強調食材的新鮮度上，且使用無鉛瓷器、再生紙環保菜單，為符合縮短里程、減少排碳的要求而大量取材於附近農場的新鮮蔬菜，走的是綠色餐廳路線，因此受到許多政商老闆的推崇，常見政商名流以此宴客，曾有饕級老闆來時，就先跟主廚方志宏寒暄，問：「今天心情好嗎？」因為心情好壞會影響烹調的口感，也因此讓工作人員對於任何細節都不馬虎，戰戰兢兢，口碑也是這樣傳開的。

打開客戶話匣子

牛肉熟成（Beef Aging）是牛肉好吃的秘訣，就跟葡萄酒、乳酪一樣，熟成後可提升肉的嫩度、風味，且更多汁。一般分為「乾式熟成」和「濕式熟成」，台灣大多都使用「濕式熟成」，在冷藏運銷的同時，利用牛肉本身的天然酵素進行熟成，熟成時間約為一個月不等，「MARKET CAFÉ」則挑選45天熟成的牛肉，肉質豐美度更佳。

一般飯店自助餐，樣式達百多道已經成為基本配備，但大多的熱食都在保溫狀態下，現作的熱騰騰溫度成為奢侈，這讓「樣樣都想吃卻吃不多、愛現作溫度料理」的人感到扼腕，但位於天母的「MARKET CAFÉ」卻經營出不一樣的buffet異國料理模式，講究食材且現煮，主打健康環保，材料遵循節能減碳、縮短食物里程就近取得為原則，很受天母歐美客人推崇。

現場環境空間適中，走簡約設計，是當地許多外商聚餐、招待的首選用餐地點，本篇特別推薦星期一、二午、晚餐推出的健康穀飼牛排日料理，平價又可享高品質的食材。

室內空間邀請旅居國外知名空間設計師打造，以黑白色為基調，帶著明亮簡約風格，擺設透明食材罐，很有北歐風味。

對於歐美、中東人來說，肉類是重要主食，許多外商稱讚這裡的肉類新鮮，僅以海鹽調味，經微煎表面鎖住肉汁，靜置待熱度熟入肉質，經碳烤後風味迷人，且毫無腥味，特挑美國Cedar River Farms健康穀飼400日10盎司肋眼牛排，成長過程不使用生長激素、荷爾蒙及人工添加物，比一般僅飼養200日的肉質油花風味更甚，進貨後由廚房熟成45天，平實售價就能享受到好肉質，搭配150度低溫烤半小時至熟的台灣蒜頭，畫龍點睛的好風味讓人難忘。

訂位資訊

地址：台北市士林區中山北路六段88號B1
電話：（02）2831-2729
營業時間：
平日午餐11：30～14：30／下午茶14：30～16：30／晚餐17：30～21：30
假日早午餐11：00～15：00／下午茶 15：00～17：00／晚餐17：30～21：30
刷卡：可
席次：170席
訂位：多人用餐請提前一天
包廂：無
開瓶費：紅白酒500元／瓶，烈酒1000元／瓶

如果宴請的賓客大家喜好都不同，最適合來這裡用餐，可以一次滿足所有人，且量身打造的新鮮烹調，貼心度非一般飯店自助餐可比擬，用心度將讓商務宴客更盡興。

Order>> 討喜度100%經典菜色

1. 健康穀飼400日肋眼牛排／主廚方志宏建議，牛排最好切一口大小，灑點海鹽提味，口感最棒，這道主菜是招牌之一。

2. 泰式蝦湯／帶著濃濃泰式風味的蝦湯，鮮味很足，是最受歡迎的招牌之一，長期都在湯單裡。

3. 竹山烤地瓜／比較少見生菜材料用到地瓜，甜且綿的台灣在地食材，在這裡也被大量運用，新鮮吃得到。

4. 亞洲麵食吧／現場麵條、配料、湯頭有多種組合，麵的熟度都可以量身訂作，另供應牛肉片、鮮蝦、黑木耳、極黑豬豬肉片、菌菇、蔬菜等十多款豐盛配料。

5. 田園沙拉吧／每天提供20-30種新鮮季節食材，包括炭烤蘆筍、炭烤鳳梨、活力蛋、蝦仁、義式火腿片、牛肉丁、起士丁等，附近許多老主顧會來外帶。

6. 炒冰吧／手工現作的冰淇淋，以純鮮奶與各種當季水果自行手工製作的各式冰淇淋，綜合蔓越莓、小紅莓的野莓口味、以法國70%可可融化後現打的巧克力口味都很受歡迎，新鮮的冰淇淋口感不膩且清爽。

■ 價目表：

	週一、二 健康穀飼牛排日	週三 自然日	週四、五 分區計價日	週六、日 歡樂家庭日
主菜價格	美國健康穀飼400日肋眼牛排10盎司NT$399+10%	香煎迷迭自然豬NT$599+10% ＊美國自然肋眼牛排(16盎司/2人)NT$1,580+10% ＊美國自然紐約克牛排(8盎司)NT$599+10%	田園沙拉吧 NT$420+10% 風味烤肉吧 NT$580+10% 亞洲麵食吧 NT$480+10% 全自助餐 大人NT$700+10% 兒童NT$420+10%	僅提供全自助餐 早午餐及晚餐 大人NT$880+10% 兒童 NT$450+10%
加購優惠價	田園沙拉吧or亞洲麵食吧 (含甜點水果餐檯) 加購優惠價 NT$250+10% 全區自助餐 加購優惠價 NT$399+10%	田園沙拉吧or亞洲麵食吧 加購優惠價NT$250+10% 全區自助餐 加購優惠價NT$399+10%		

預算  **NT\$1000**

日式料理

- 適合台灣客
- 適合深入交談
- 獨樹一格的壽司割烹

編輯小評

交通便利度：★★★★★
裝潢氣派度：★★★
美食賞味度：★★★★
餐廳話題性：★★

SHIZUKU深信營造好的口碑是餐廳成功的因素，刻意不做多餘宣傳，客戶群以老客人與朋友介紹的居多。

採訪・撰文》汪傲竹

低調愜意，鬧中取靜的道地日本料理

雫Shizuku壽司割烹

由「櫻上水創意壽司料理」第二代、以握壽司經營出名的兩位年輕師傅，為商務需求而精心打造的 Shizuku。小而巧的餐廳僅靠食材講究，低調愜意的氛圍，在開幕不久即打出一片天地。

打開客戶話匣子

許多人第一次吃到品質不好的生魚片留下不好印象，因而對於「生食」產生畏懼。可與客戶聊聊第一次吃生魚片的經驗，或者哪樣質地的魚肉較適合「入門者」品嘗。魚貨的新鮮度以及生長環境是影響肉質最大的因素，若碰巧客人不敢食用生食，可建議對方嘗試這裡當天挑選的魚貨，擺盤上的蝦新鮮到上桌時還輕輕跳動呢！

　　年僅30卻已累積超過十年的資歷，主廚李欣明出身於日本料理世家，從小耳濡目染，累積多年對於食材季節性的寶貴經驗與個人獨到的創意運用，擺脫一般日式料理的制式流程，打造獨樹一格的壽司割烹。SHIZUKU無菜單，這裡的活海產由主廚每天清晨親自去基隆精心挑選，料理完全按照當天新鮮魚貨任由搭配。除了台灣當地的海產，店裡另一部分採用日本空運來台的特殊食材，客人也因此可享用多變化、充滿驚喜的高品質料理。

　　閑靜的空間，簡約大方的裝飾，SHIZUKU除了寬敞的板前座位之外，另外附設四間包廂，以便提供商務客較隱密的空間談論公事。沒有熱鬧的喧嘩，只有認真的師傅與客人品嘗美食的幽靜互動，隔音效果及隱私是極為難能可貴的。

　　無論人多人少，主廚都可依照客人的預算及食量搭配料理。人數越多，料理的選擇性也會變得多樣化，例如季節性的螃蟹就較適合多人享用，單價也較划算。若女性客人食量偏小，也可另作安排，讓客人

在食量小的情況下也能品嘗到各種口味。

　　店家也提供相當經濟實惠的商業套餐（午餐NT$680起；晚餐NT$1500起），分別為懷石料理及握壽司兩種，其中包含開胃小菜、一道生食、兩道熟食、熱湯及甜點等。師傅拿手的握壽司肉質鮮甜綿密，入口即化，只沾取少許的醬油來突顯口感，師傅不禁自豪的說連不敢吃生魚片的顧客都讚不絕口。而喜愛小酌的客人，除了提供清酒及燒酒之外，亦無加收開瓶費。

訂位資訊

地址：台北市南京東路三段303巷7弄5號
電話：(02) 2719 - 0005
營業時間：
午餐 11：30-14：30
晚餐 17：30-21：30
店休：每週日公休
刷可：可
席位：35席
訂位：可
包廂：四間
開瓶費：無

Order>>　討喜度100%經典菜色

1. 午間套餐的八貫握壽司，都為當天新鮮魚貨，略撒鹽巴就能襯托鮮甜，口感豐富不須沾醬

2. 晶瑩剔透的鮭魚卵，用量大方，在嘴裡迸發鮮度絕佳。

3. 牛小排為套餐熟食之一，肉質多汁Q嫩，熟度掌握恰好。

4. 單點晚餐中最受歡迎的烤花魚，鮮嫩彈牙的魚肉配上精緻的季節配菜，吃起來十分清爽美味。

低調卻充滿設計感的
大門，取名「雫」的
Shizuku，為雨滴或
掉滴式清酒的意思，
意境頗為優美。

獨立包廂設計隱密，
窗戶正對綠地樹蔭，
簡約愜意。

正統杭州料理

- 適合外國客
- 傳統佳餚費工製作
- 口味清爽宜人

編輯小評

交通便利度：★★★★
裝潢氣派度：★★★★
美食賞味度：★★★★
餐廳話題性：★★★

採訪 ‧ 撰文》林俞君

格局氣派、服務講究，來頓正統杭州菜

亞都麗緻大飯店─天香樓

天香樓是台灣唯一一家供應杭州菜的飯店餐廳，歷史上宋朝自北方南遷，定都杭州（昔臨安），因此，杭州菜「南料北烹」，清淡高雅、擅用河鮮，征服文人雅士的味蕾；台灣天香樓師承香港天香樓韓桐椿師傅，正統的杭州菜，從茶、前菜、珍味海鮮、畜饌、時蔬、湯品，到點心麵膳，一應俱全；主廚宗哥（楊光宗）更在「天香新饌」創意菜中研發鴨肝料理，中菜西吃，於傳統中不忘創新。

打開客戶話匣子

餐廳提供《杭州菜的故事》小冊，餐宴前讀一讀，方便邊點菜，邊講故事。像是「東坡肉」為老饕詩人蘇東坡創作，因治理西湖水患有方，群眾送上他喜愛的五花肉，由於數量眾多，蘇東坡將其切成方塊，綁繩燉煮後與大家共享，成為傳世名菜。相傳宋嫂辛苦照顧年幼小叔，有天小叔受風寒，宋嫂燒了碗酸甜開胃的魚羹，小叔喝下後不久便痊癒，爾後皇帝出巡，嚐到此羹大為讚賞，「宋嫂魚羹」因此揚名杭州。有了佳餚與小故事，手持潤喉不嗆的紹興酒「天香精釀」，酒不醉人人自醉。

餐廳位於飯店地下一樓，走螺旋梯向下，遇見以中國圓形拱門為意象的迎廊，或搭乘電梯，整排垂墜水晶燈引領賓客入樓，經過橋型門廊，書法名家董陽孜墨寶映入眼簾，現代中國風裝潢、飯店級服務品質、充滿故事的正統杭州菜，使老饕回流，更是款待日本客、歐美客的不二選擇。

精選午間套餐NT$750~NT$1600價位不等，每兩週更換一次菜單，晚間則有蒐羅松露等珍貴食材的兩千元以上套餐，一次品嚐多道招牌菜。

蒪菜是江南湖泊特有的水生植物，富含維生素B

現代中式裝潢、書法名家董陽孜墨寶，營造典雅用餐環境。

群，僅採最嫩的芽端入湯，「蓴菜魚丸湯」便成為夫人們的養顏湯品；也曾有八旬老翁吃過湯中魚丸後一定要見主廚宗哥，「他以為現在沒有人在做這種手工魚丸了，製程中完全靠手感將純魚漿打軟，多次過篩所以綿密，加入酒及蛋白的丸子入口即化似豆腐，每天新鮮製作，是學徒要練幾個月才能準確拿捏的功夫。」

另外像是湯汁清甜可飲用的改良式東坡肉、採肉質緊密的河蝦經4~6小時製成的龍井蝦仁、加入橘子瓣增添果香的酒釀湯圓，皆能令人唇齒留香，並在龍井茶中劃下清爽句號。

訂位資訊

地址：台北市中山區民權東路二段41號
電話：02-2597-1234轉天香樓
營業時間：
中餐12:00~14:30（最後點餐時間14:00）
晚餐18:00~22:00（最後點餐時間21:30）
店休：無
刷卡：可
席位：非包廂70人，包廂2間，包廂32人。
訂位：可電話及網路訂位（進入www.landistpe.com.tw，點選飯店服務→美食饗宴→天香樓，訂位欄位於頁面最底）。
包廂：2間，每間可容納16人，低消NT$16,000。
開瓶費：葡萄酒500元／瓶，烈酒1,000元／瓶

包廂之一，除餐桌外並有沙發區，寬敞空間讓餐前閒談愜意進行。

Order>> ## 討喜度100%經典菜色

1

3

2

1

1. 天香樓主廚宗哥（楊光宗）為「蓴菜魚丸湯」撒下金華火腿末；限量製作的魚丸，晚餐多半吃得到，中餐則得碰運氣，或者去電預定，NT$350／每份。

2. 「龍井蝦仁」選用杭州西湖的龍井茶調味，河蝦肉質較海蝦彈牙爽脆，兩者可說是天作之合，NT$620／4人份。

3. 一頓飯下來絕不能少的「東坡肉」，不經油炸、爆香，而以香料滷汁熬煮兩小時，肉質入味但不死鹹，口感滑順而不油膩，滷汁甘甜順口可當作湯品飲用，為天香樓著名的上等美味，NT$200／每份。

潮州料理

■ 適合日本客
■ 平常日去,適合深入交談
■ 口味偏清淡

編輯小評

交通便利度：★★★★
裝潢氣派度：★★★★
美食賞味度：★★★★
餐廳話題性：★★★

採訪 · 撰文》李怡慧

體現功夫菜的溫馨氣氛,家鄉味更讓人回味

台北華國大飯店－桂華會館

潮州菜具有重湯輕油、清淡養生的優點,與閩南菜口感相近,引進台灣後很快就備受喜愛,加上其烹調過程需經多道工序,醞釀出綿疊有緻的口感,很適合當作宴請賓客的好菜,台北華國大飯店桂華會館推出的潮州菜不但份量夠多,宴客很有面子,作工也不馬虎,是值得推薦的理由。

潮州菜是費工的料理,主廚陳建達在廚房內作菜時一臉專業。下午一點多,他會出現在用餐現場,每桌打招呼,問問大家吃得如何?菜色滿意嗎?親和力十足。(資歷:高雄中信飯店、台北福臨門餐廳、華僑會館、龍都餐廳)

打開客戶話匣子

在餐桌上,介紹料理特色是找話題的好方式之一,潮州家常菜平實口感可拉近距離,例如「潮州炒米粉」以銀芽搭配飽含高湯的新竹米粉;費手工的「潮州絲瓜煎」以干貝與澎湖水瓜加上魚露提鮮,點綴爆香花生碎,口感多層次;「欖菜四季豆」脆口四季豆加上欖菜快炒,簡單且順口,常讓被宴請的賓客不自覺聊起童年的家常菜。

台北華國大飯店位於林森北路上,前台工作人員大多說得一口好日文,廠商喜歡帶日客到這裡用餐,語言相通有親切感,商務客一試成主顧的例子屢見不鮮,有日本工程師還特地帶日本親友再次來品嘗,成為固定熟客。

如對食材有特殊好惡,可事先言明,曾有老闆招待日本客戶,因對方不吃蒜頭,廚房以其他香辛料取代,盡量保持菜色不走味,這些客製化服務都是商務用餐時主客盡歡的推手之一。

部分熟客會直接提供單人預算給現場人員,告知喜好,透過配菜方式用餐,可以吃到潮州菜的精華,這種方式肯定划算。針對日客最愛料理,行銷企劃部協理Grace特別分享她的經驗,日客特愛吃點心類,如叉燒酥、魚翅餃、蘿蔔糕;魚翅套餐則因為體面而受好評,紅燒或雞燉料理都很受歡迎;燒鴨則除提供現場片鴨,還可以燉湯或爆炒,多種吃法讓商務客覺得特別,但需兩天前預訂。

潮州菜特色的老滷汁,純以藥材、香辛料等幾十種材料調製,是美味的獨門秘方,經年輪番放入肉類熱滷後飽含肉脂精

華，是評價潮州菜美味的最高指標，「滷水拼盤」裡挑選雲林重達九台斤的肥鵝上桌，香氣四溢，鵝翅口感讚；「大腸鵝血煲」滷的時間拿捏得宜，鵝血表面無氣穴，香嫩入味，點這些經典招牌才能顯出請客方的饕客等級，搭配日客最愛的台啤，簽單肯定沒問題。

訂位資訊

地址：台北市中山區林森北路600號12F
電話：02-2596-5111轉桂華會館中餐廳
營業時間：
中餐12：00～14：30
晚餐18：00～21：30
刷卡：可
席次：220席
訂位：最好事先訂位。
包廂：共4間包廂，基本低消12,000元。
開瓶費：紅酒300元／瓶，烈酒500元／瓶

Order>> 討喜度100%經典菜色

1. 潮式半煎鮮魚700元（時價）／魚依照時令更換，圖中用的是黑毛，先煎後煮，以潮式豆瓣醬調製的主廚醬汁偏甜，不死鹹，豆瓣大顆能更提升魚的鮮味，整個高湯完全滲透入魚肉裡，非常推薦。

2. 滷水拼盤420元／品嘗潮州菜的老饕，都一定會點這道菜，嘗試老滷的功力，這盤裡面的鵝肉、鵝翅、豆腐，滷得透且香，大推。

3. 潮州絲瓜煎300元／以干貝與澎湖水瓜結合潮州料理的精隨－魚露提鮮，上面點綴爆香過的花生碎，在很嫩口的餅上增加了豐富的口感，這道需經過拋、甩的方式手工製作，比較費工，點這道菜要有等的準備。

4. 桂華當紅脆皮雞480元（半份）／將醃料塞進兩斤半的土雞肚，再幫雞按摩拉筋使肉質柔軟，才能更快吸收味道，再以傳統吊炸方式，塗上潮式醬汁，不斷淋上滾油至金黃色，外皮酥脆、肉質滑嫩，是道很費工的菜。

5. 酸白菜肴元蹄鍋880元／外皮很彈牙，裡面肉質滑嫩，肥瘦肉適中，醃製時間足，充份滲入肉中，加上酸白菜提味，味道超棒，很適合醒酒。

6. 潮州炒米粉260元／以新竹米粉與高湯烹調，看似簡單，結合銀芽的爽脆口感，真是讓人吃了停不了嘴的家常菜。

室內空間寬敞，飯店內
多數外場人員都會流暢
的日語，服務訓練有
素，請客宴會很適合。

預算 NT$ **1000~2000**

潮州料理
■ 適合歐美客／日本客
■ 適合時間緊湊
■ 口味偏清淡

編輯小評

交通便利度：★★★★★
裝潢氣派度：★★★★★
美食賞味度：★★★★
餐廳話題性：★★★

行政總廚袁偉洪／本身是香港人，採訪他時總說：我不會作菜阿～～，可他一路的歷練卻十分精采，在潮州菜領域裡是數一數二的名廚，許多大老闆是跟著他的手藝吃潮州菜的。

採訪・撰文》李怡慧

名廚現烹活跳跳海鮮，鮮美滋味最是讓人難忘

潮江燕

獨佔一整個樓層的潮江燕，除開放式用餐空間外，針對商務客規劃的包廂不只室內空間寬敞舒適，更提供貼心服務，例如提供移動式服務鈴，當客人在包廂內談重要事情時，有需要可按鈴，服務人員會在門外等待，是許多老闆宴客、深入洽談商務的首選。

打開客戶話匣子

如規劃宴請重要賓客，不妨直接提供預算，請專業的袁行政總廚協助點菜，如有特殊的喜好也可直接說明，量身定作的餐點將更能讓賓客感到溫馨。曾有客人希望能吃到童年記憶裡的潮州煎蠔餅，他親自操刀換來顧客的讚不絕口，至今潮州粉粿、潮州蔥油餅這些看似簡單、卻很考驗手藝的手工點心，還是許多潮州菜饕客的最愛。

潮州料理，著重功夫菜與清淡口味，還有一絕就是海鮮料理，走近入口處映入眼簾的就是大片水族箱，日本比目魚、七星斑、迦納魚、青衣、海石斑、野生黑毛等在水裡徜徉，南非鮑靜靜的浮盪，這些海鮮養在精準控制溫度與鹽度的環境裡，客人現點後直接交給廚房處理，上桌時魚肉切開後近骨處的肉帶黏性，是活魚烹調的新鮮證明。

餐廳內裝潢以潮州木棉花結合店名中的燕字圖案設計成地毯、食器，除台灣客人外，常有歐美、日商前來用餐，醫界、商界的政商名流許多都是外稱黑仔的行政總

隸屬於南僑集團下的潮江燕，老闆找來當年最喜歡的潮州菜主廚袁師傅，重現天府美食的饗宴。

廚袁偉洪的粉絲，老闆宴客時，袁主廚常常親自配菜下廚，每逢用餐時分，甚至會親自在現場詢問客人用餐的感受，對自己的招牌評價還是戰戰兢兢。

訂位資訊

地址：台北市松山區慶城街1號3樓
電話：02-2545-2222
營業時間：
午餐11：00～14：30
晚餐17：30～22：00
店休：無
刷卡：有
席位：320席
包廂：7間
開瓶費：視狀況酌收

Order>> 討喜度100%經典菜色

1

1. 「潮州凍花蟹」（依照時價，一兩120元，圖中約20兩）／這一隻大小可供六人吃，是餐廳招牌，鮮嫩多汁。潮州菜的海鮮、點心料裡都是必嚐的重點。

2. 清蒸青衣（依照時價，一兩110元，圖中為24兩）／「清蒸青衣」上桌時身上不規則爆裂紋，是新鮮的鐵證，九分熟的黏骨嫩度很讚，以薑蔥、醬油、冰糖調製的醬汁超美味，這鮮甜醬汁每天現調，有客人專門來買回家炒蛋、拌飯麵。

3. 百花釀魚肚／百花是蝦泥的意思，這道道地的潮州點心，蝦的甜味滲透入魚身，鮮上加鮮，鮑魚肚點綴蝦卵，花椒帶來淡淡的清爽口感，是道特色的料理。

4. 蛋撻（兩顆90元）／點心部分則不能錯過「蛋撻」，一口咬下和著奶香內餡入口即化，一點也不膩。這個正宗的港式點心，與葡式蛋撻的口感完全不同，輕柔口感的手工酥皮很順口。

2

3

4

5

5. 鮮蝦蒸燒賣（4顆130元）／上頭大尾脆口草蝦，內餡裝的可是貨真價實的蝦泥、蝦段。

6

6. 芥菜焗活鮑／一般用蔥油或蒜蓉去蒸，這道菜改良自西式作法，袁主廚採用南非鮑，以芥末籽去調香氣，灑上起司粉，展現他獨特的創意，為潮州菜帶來新奇的味覺感。

法式料理
■ 皇家氛圍
■ 100%進口食材，美食家口耳相傳
■ 適合深入交談

編輯小評

交通便利度：★★★★
裝潢氣派度：★★★★
美食賞味度：★★★★
餐廳話題性：★★★★

正統法式用餐環境，但日夜皆可以舒適的裝束、輕鬆的心情蒞臨。

打開客戶話匣子

經典甜點「法式蘋果派」（Tarte Tatin）酸甜交融，它有個趣味典故：1880年代Tatin姊妹開了一家旅館，有天用奶油及糖熬煮蘋果餡料時忘了時間，眼看即將燒焦，Tatin小姐趕緊將派皮蓋上鍋，拿離火爐送進烤箱烤，顛覆一般蘋果派製作過程「派皮下、餡料上」的常態，沒想到出爐後大受好評，遂流傳下來。「意外」有時促成了「經典」誕生，譬如便利貼，雖在強效黏著劑研發中失敗，但在書籤、備忘功能上發揮作用－不輕易抹煞點子，換個角度想，商機就藏在意外裡面！

採訪 · 撰文》林俞君

La Vie 1866 Parisienne 穿越時空的美好生活

小巴黎法式餐廳

「巴黎是一席流動的饗宴」，在安和路的角間，旅法35年的薛麗娟帶回100%法式饗宴，高貴的紅色象徵19世紀法國盛世，店名La Vie 1866 Parisienne意為「1866年的巴黎生活」，那是集藝術與音樂之大成的年代，餐廳牆上懸掛當年巴黎街景，詩意的Charles Trénet、情感豐沛的Edith Piaf在耳邊迴盪，讓人忘卻煩憂。

薛麗娟自喻「一棵沒有根的樹」，鶴立雞群的身高及愛美天性在青春期時與台灣格格不入，十幾歲決定去法國，學過心理學的她了解人性，把每一次的交會視作唯一，就這樣一步步走，在房地產及餐廳經營領域走出一片天；但落了地卻沒法生根，法文浪漫，但總想起中文的可愛，帶著尋根、分享的雙重心情，台法兩地奔走籌備了一年，聘請法國主廚來台，以餐廳會友的「小巴黎法式餐廳」於焉誕生。

開幕半年內便吸引多位美食評論家、老饕企業家光顧，「我在台灣沒認識什麼人，有時候員工先緊張，我才知道名人來了。」因為一視同仁，反倒讓政商名流感到放鬆；薛麗娟就像她最愛的紅色裝扮一般熱情，親自臨桌服務、與每位客人暢談，談這個從餐具、椅子、地磚，到所有食材、酒水，都是百分之百進口的地方，一心一意分享用生命體驗過的法國美食。

法式商業午餐均一價NT$1,580，主食有魚與肉類兩種選擇，搭配法國皇室餐前一定要喝的皇家開胃酒、法式私房麵包、當

日濃湯、當日前菜與沙拉、難得一見的精選甜點水果湯，及咖啡或茶；一頓餐敘下來時間剛剛好，慢慢吃、慢慢談，從容中達成共識。

因台灣濃厚人情味而感到受寵若驚的薛麗娟，每天特意搭公車細看自己既熟悉又陌生的男女老少，在經過新店溪的同時她想，未來要請塞納河畔的名廚來台，做頓經典法國菜給新朋友品嚐。

訂位資訊

地址：台北市安和路一段49巷3號1樓
電話：02- 2752-6006
營業時間：
中餐11:30~14:30（最後點餐時間13:30）
晚餐18:00~22:00（最後點餐時間20:30）
店休：每週日公休
刷卡：可
席位：48席
訂位：建議2~3天前電話訂位（無網路訂位），
若欲取消請於兩天前來電。
包廂：1間，可容納6~8人。
開瓶費：500元／瓶

Order>> 討喜度100%經典菜色

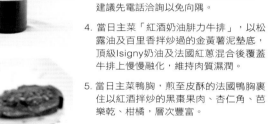

1. 老闆薛麗娟調和白酒及水果酒精，成為粉紅色的開胃酒。

2. 餐廳備有小瓶紅酒（375 ml），一瓶NT$780起，提供想小酌的客人。

3. 法式商業午餐–當日主菜「金板鯛魚佐普羅旺斯蔬菜」，鯛魚肥美，蔬菜塔中含梨、草莓，呈現法式浪漫。餐廳另提供一千元以下的法式午餐、晚間兩千元以上的皇家套餐，食材一律講究新鮮，建議先電話洽詢以免向隅。

4. 當日主菜「紅酒奶油腓力牛排」，以松露油及百里香拌炒過的金黃薯泥墊底，頂級Isigny奶油及法國紅蔥混合後覆蓋牛排上慢慢融化，維持肉質濕潤。

5. 當日主菜鴨胸，煎至皮酥的法國鴨胸裹住以紅酒拌炒的黑棗果肉、杏仁角、芭樂乾、柑橘，層次豐富。

每日變換的法式商業午餐配菜，（左）紅蘿蔔芹菜馬鈴薯濃湯，（中）法國進口甜菜葉、芝麻葉為基底的沙拉，及前菜番茄派，（右）草莓湯，甜點也可以用喝的，試試不同水果湯，你會愛上它。

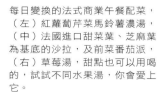

地磚與鏡面牆菱格相呼
應，簡約高尚。

歐陸風法式料理

- 適合法國、歐美客
- 適合深入交談
- 口味為歐陸創意料理

編輯小評

交通便利度：★ ★ ★ ★
裝潢氣派度：★ ★ ★
美食賞味度：★ ★ ★ ★
餐廳話題性：★ ★

1F跟B1都各有幾間包廂，氣氛溫馨，很適合商務宴客。

訂位資訊

地址：台北市信義路四段199巷9號
電話：（02）2755-2671
營業時間：12：00～22：30
店休：無
刷卡：可
席次：90席
訂位：人多需包廂位置時，最好於用餐前一日事先訂位告知。
包廂：可彈性隔出多間包廂
開瓶費：500元／瓶

採訪・撰文》李怡慧

走溫馨平實料理路線，端看名廚展現靈活創意

ABU's Brasserie阿布2店

人稱阿布師傅的港籍名廚布秋榮，歷經台北希爾頓飯店、香港君悅酒店，更擁有國外五星餐廳歷練，如此顯赫的資歷，雖曾經歷初次創業的挫敗，但重出江湖後於四維路開一店時卻一炮而紅，混合歐陸風味的法式料理，擄獲許多死忠支持者的味蕾，開業一年多的二店規劃出多個隔間，人數多寡都能有所適從，很適合進行隱密的商務洽談。

　　餐廳內無菜單，因應季節食材取得新鮮而變化，可選擇單點、套餐，晚餐套餐預算約980～1380元／人，主廚推薦套餐2000元，走親民路線，熟客通常會直接給預算，由店家調配。

　　阿布認為平價食材也可作出動人的精彩料理，一店那些常被拿來與米其林比擬的料理，在這裡變身後卻不失美味，深受法國、歐美客喜愛，這裡空間可隔出多個私人包廂，也是常被選來宴客的原因。

　　阿布師傅烹調的法式料理，著重新鮮食材，保留天然氣息，以主菜「煎法國鵝肝田雞腿鵪鶉腿」為例，法國鵝肝

打開客戶話匣子

阿布師傅是業界出名愛買餐盤的主廚，餐盤不但替換率高且身價不斐，他說餐盤最能激發作菜創意的來源，時尚豹紋搭配野味料理，更能刺激味覺的感受。除了從國外採購之外，他也會曾使用花蓮的石頭，請人鑿開後當作麵包架，讓用餐者在品嚐之餘，多了可以欣賞與討論的話題。

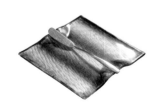

阿布師傅挑的餐具之一。

1F用餐區只擺了四張桌子，
簡單擺設，很有氣氛。

表層煎後淋上覆盆子與茴香酒醬汁，表皮微甜焦脆香氣超迷人，田雞腿則先煎後烤，以蒜油與法國蔥、白酒作為醬汁，鵪鶉腿則佐以松露、小牛湯汁、紅酒為醬汁，小小盤面上就蘊藏豐富學問，是吃下後會感動的味道。

建議點選個人套餐比單點划算，菜單內包含前菜、主菜、湯、甜點等，因菜單更換速度快，食材與烹調手法都隨性，如果要指定菜色必須事先詢問，以下僅推薦幾道很受好評的料理給大家參考。如果當天提供的主菜肉類不合需求，可以告知現場人員，可視廚房備料更換，店內擺設專業的酒窖，提供數十款紅白酒選擇，不但等級好也比市價便宜。

這裡有最受歡迎的十多道特色菜，依照季節輪替，但烹調方式會隨時更換。

Order>> ## 討喜度100%經典菜色

1. 煎法國鵝肝田雞腿鵪鶉腿／法國鵝肝（前）表層帶著微焦，醬汁微甜，味道真好。田雞腿（中）帶著清爽的蒜香氣。先煎後烤，鵪鶉腿（後）濃郁的松露香氣，是許多喜歡吃松露者的最愛。

2. 北海道大干貝大蝦咖哩花椰菜／以海鮮融合西洋芹、芒果、青豆蔬果，點綴咖哩口味的花椰菜泥，各種食材與醬汁的比例分配，都能引出味蕾的新感受。

3. 黑松露南瓜湯／這道法式餐廳常見的湯品，在每年冬天黑松露產季時，都可以品嘗到，但各家在材料運用上都有巧妙不同。這道菜以進口南瓜結合高湯與奶油調味，入口後香氣瀰漫。

4. Shabbis Premier Cru 2007／這款法國白酒適合當開胃餐前酒。

5. 這款2003年聖愛美濃（Saint-Emilion）地區出產的GRAND CRU CLASSE 等級紅酒，很適合搭明蝦、鵪鶉肉等主菜，只要標示Cru Classe，都等同於是好酒的代名詞。

6. 舒芙蕾／這是阿布師傅最受歡迎的甜點之一，網路上一片好評，熱熱的舒芙蕾加酥冰淇淋入口，是讓味蕾上癮的溫暖刺激，蛋和糖打發得宜，綿密且香氣十足，是餐後的最佳完美句點。

西式料理
■ 適合各類顧客
■ 適合深入交談

編輯小評

交通便利度：★★★★
裝潢氣派度：★★★★
美食賞味度：★★★★
餐廳話題性：★★★★

擁有超過五百款的紅酒收藏，並以紅酒塞為擺飾。

採訪・撰文》汪傲竹

講究細節，滿足顧客敏感的味蕾

國賓飯店－
A CUT STEAKHOUSE

一踏入國賓飯店的A CUT STEAKHOUSE，很難不被氣派的酒窖所驚艷。擁有超過五百款的紅酒收藏，這是全台唯一連續三年榮獲Wine Spectator國際級評鑑殊榮的頂級西式料理。以紅酒與牛肉為主要元素，看似簡單的食材卻包含極大的學問。廚師們從挑選牛肉、保存方式、料理搭配都下了不少功夫。無論是宴客、聚餐，或是想一睹高檔牛排風采，A CUT牛排館絕對不失所望。

打開客戶話匣子

每個人對於牛肉都有獨特的見解及偏好，烹飪方式所造成差異也頗大。可問客戶品嘗過最棒的牛排是於哪個國家？以及口感為何？若是外國籍客人，是否他國有特別著名的牛肉（譬如日本的和牛）？吃牛排喜愛搭配什麼樣式的酒水？平常喜愛小酌還是豪飲？進而介紹A CUT牛排館收藏豐富的酒窖，透過侍酒師的推薦，一同與客人挑選酒支。

位於餐廳中心的開放式廚房，不再是油煙汙垢，而是一種表演藝術。充滿時尚感的雅致空間設計，搭配每季變換的藝術擺花，五星級的服務及精緻環境甚至曾吸引新竹科技公司包車來訪。講究細節延伸至廚餐具，堅持一律以法製名牌烹飪擺盤，襯托牛排應有的極致鮮美。

一塊美味的牛排，除了高超的手藝外，關鍵還是在於好的牛肉質地。主廚親自考察並獨家引進美國知名Harris Ranch的自然牛肉。百年農場的歷史，一直以提供牛

隻無汙染的環境，以及人道的生長過程深受好評，味道更勝一籌。廚房團隊花了整整一年半的時間，不停實驗創新，將牛肉風乾熟成，使肉質不但原汁原味的保存住，更呈現濃郁，風味絕佳的口感。堅持不使用任何多餘的調味料，A CUT STEAKHOUSE的牛排別於一般油膩形象，口味清爽並對健康毫無負擔。

A CUT牛排館提供套餐及單點；點選套餐能吃到多樣化的料理，份量大方易飽足；若時間有限，午間套餐則是較經濟實

惠並能同時享用高品質牛排的不錯選項。

　　食量較小，或與歐美、日本客前往的顧客們，亦可選擇單點部分，「HARRIS RANCH自然乾式熟成紐約客牛排」肉質Q嫩，汁多並帶有嚼勁，推薦給第一次來訪A CUT牛排館的顧客。A CUT牛排館另有不同產地的牛肉，提供歐美及日本客較偏好或所習慣的口感。

　　如想體驗這間獎項不斷的餐廳酒窖卻難以選擇，有專業侍酒師提供套酒服務，能於用餐時品嘗三種不同酒款，各個口味分明，層次獨特。而對於葡萄酒行家，A CUT牛排館更是適合宴賓，品酒的高雅會所。

訂位資訊

地址：台北市中山北路二段63號B1（台北國賓）
電話：(02) 2571-0389
營業時間：
午餐 11：30〜15：00
晚餐 18：00〜22：30
店休：無
刷卡：可
席位：106席（含包廂）
訂位：提前至少一星期
包廂：4間包廂/VIP包廂
開瓶費：紅白葡萄酒500元/瓶
　　　　烈酒1,000元/瓶

Order>> 討喜度100%經典菜色

1. 肉質鮮嫩的自然牛，可搭配A CUT招牌鹽類，口感濃郁富有嚼勁。

2. 傳統法式洋蔥湯，經過長時間熬煮的洋蔥，上面鋪滿厚厚一層起司。

3. 煙燻鮭魚也是來者必點，主廚以新鮮甜菜汁搭配自製蒔蘿奶油醬，充滿香草氣息並入口即化的口感絕對驚人。

4. 季節限定–草莓舒芙蕾。

5. 夏威夷竹葉鹽（近）、喜馬拉雅亞玫瑰鹽、西班牙燻鹽、法國鹽之花（遠）。

收藏非凡的酒窖，源
於國賓飯店歷史悠久
的「酒洞天」酒吧，
連續三年獲得Wine
Spectator國際肯定之
殊榮。

預算 NT$2000

日本料理
- 適合香港客／馬來西亞客
- 適合時間緊湊
- 口味偏鹹

編輯小評

交通便利度：★★★
裝潢氣派度：★★★
美食賞味度：★★★★
餐廳話題性：★★★★

陳老大愛買古玩，現場擺設只是收藏的一部份，她正在找場地展示，希望能讓更多人看見這些有溫度的收藏。

採訪・撰文》李怡慧

欣賞人與海鮮間的一場暴力美學即時秀

三十三間堂日本料理

這間餐廳的名字，取自於陳老大與日本夫婿一起旅遊京都時，到訪與宮本武藏有淵源的三十三間堂，也因為夫婿對於武士的熱愛，於是取此名作為紀念。店內裝潢仿日本東照宮，座位空間層次的規畫代表步步高升之意，現場羅列從小家傳的百年瓷碗、日式手工和服、木雕、日本老鐵壺、茶具等，陳老大笑說：這些都是用客人的錢買的！邊喝小酒邊聊天，適合當作業務宴客的暖場秀。

打開客戶話匣子

這個空間的規畫很有趣，乍看有時不容易找到攀登的階梯，到處張掛著紅燈籠，夜晚時張燈結綵般的燦爛，像是電影「神隱少女」裡那個精靈的國度般，熱鬧非凡，看老闆娘滿場飛，罵來罵去像是一場現場秀，喜好收藏古玩的人，可欣賞擺設的小玩意，大多數人都有喜愛收藏的嗜好，由此跟客戶打開話匣子，輕易拉近彼此關係，後續談生意更容易了。

門口一張手繪圖，寫著「員工忙來忙去、老闆娘容易生氣、客人看了真有趣」，真是餐廳氣氛最佳寫照。老闆娘陳老大的日本料理店開了28年，在業界以脾氣暴躁出名，有時老客人明知道老闆娘脾氣不好，還會故意跟陳老大一往一來回嘴，把她逼怒罵人，看來也是客人的樂趣之一。

有些企業老闆一丟就是20萬、50萬台幣預放在此，員工生日、宴客都可以直接扣除，天天有變化的「無菜單」料理與強調每天送達「用料高檔的活跳跳海鮮」是老闆們把這裡列為宴客之地的主因，有些客人預約一隻

現場仿日本東照宮建築，座位區一層層往上規劃，很有特色。

一萬八千元螃蟹的特殊料理，老闆娘總會使命必達地努力找貨，其他如帝王蟹、干貝、海膽、魚卵、生蠔、甜蝦等，只要是當季的海鮮，都是平日就可吃到的菜色。

店內以單人套餐方式為主，約1500、2000、2500、3000元不等，也可以自己擬定預算交給陳老大處理，只要告知有哪些東西不吃，就由陳老大一手決定所有食材的使用。這次採訪拍照的預算設定在單人兩千元以上、一桌四人的菜色作為介紹。

每天總是親臨坐鎮的陳老大，在現場指揮擺設、

訂位資訊

地址：台北市萬華區康定路116號
電話：02-2361-0807，02-2361-0806
營業時間：
中餐12：00～14：00
晚餐17：00～22：00
店休：無
刷卡：可
席位：65席
訂位：晚上最好訂位。
包廂：另有30人包廂
開瓶費：無，但不可帶日本酒

出菜樣式，她叮嚀要寫這裡吸引人的除了菜色之外，就是老闆娘的美色，想親眼見識陳老大的美色與豪爽罵人的英姿嗎？來體驗一下重量級的衝擊吧！

Order>>　討喜度100%經典菜色

1. 青烤螃蟹／擺在炭烤爐上桌的「青烤螃蟹」來自宜蘭，圖的是海鮮的清甜，上桌時還在揮舞著手腳。

2. 魚子新鮮，開盒兩天就會用完，咬後卵汁在嘴裡迸裂，這道菜在這裡就像滷肉飯一樣家常，老顧客百吃不厭，把材料整個豪邁的拌勻再吃，味道最佳。

3. 生魚片可以變化的方式很多，許多客人喜歡這裡挑選的日本黑鮪魚，因口感較綿。其餘還有日本進口的海葡萄，生長在熱帶及亞熱帶零污染海域，口感獨特。

4. 鐵壺／日本人認為鐵壺煮水能夠釋放出二價鐵離子，形成山泉效應，讓水的口感厚實順滑，用鐵壺泡茶可以去除茶的霉味，讓茶口感更好。

5. 彩椒日本海藻／陳老大很重視擺盤的創意，每道菜出來都挺有視覺感的。

6. 廣島奶油生蠔／干貝、生蠔的新鮮度一看就知道，這裡的特色就是靈活運用許多高級食材，但不過度烹調，盡量保持海鮮的原味，才不枉海鮮本來就應該強調的鮮度啊！

鐵板燒料理

■ 適合日本客／大陸客
■ 適合時間緊湊
■ 口味偏清淡

編輯小評

交通便利度：★★★★★
裝潢氣派度：★★★★★
美食賞味度：★★★★
餐廳話題性：★★

採訪・撰文》李怡慧

簡單俐落的從容藝術，視覺味覺雙饗宴

紅花鐵板燒

鐵板燒崛起於台灣市井小吃，便宜的價格、現場烹調的新鮮，都讓喜愛鐵板燒料理的人百吃不厭，紅花將平民料理提升到百貨等級，挑選高級食材，套餐的精緻度提高；找來的師傅相關資歷都達20年左右，且因附近就是世貿，許多國外商務客習慣到此用餐，品美食、欣賞精湛鐵板手藝，用餐是種享受，也很具台灣飲食文化的代表性。

餐廳內師傅資歷完整，整齊乾淨的制服、專業的手法，每日在這個廚房舞臺上向大眾獻上精湛的廚藝。

用完餐後，門外電梯旁的位置是享用飲料與甜點的地方，可以離開烹調的空間，在這裡悠閒地品味，對照窗外的都市急促步調，順著喉嚨嚥下的，都是自在的味道。

打開客戶話匣子

鐵板燒有一說是發源於日本，融合西餐與中餐，將廚房搬到外面，讓廚師與客人面對面，客人宛若在欣賞一場廚藝表演，再接續享受表演的結果－美食饗宴。這股風潮來到台灣後，變成融合法式、中式和日式演繹出來的美食秀，在台灣初期從平價的夜市、小店發展，演變成為台灣很普遍的餐飲選擇之一，而老字號的紅花鐵板燒於轉型後，將之提升於百貨高級餐廳之列，以頂級食材將庶民小吃帶到另一個享受的層次。

崛起於1978年，從農安街轉戰到信義計畫區，紅花進駐百貨業－新光三越A9首戰成功，後續有101店、阪急店的開幕，附近的日本、中國商務客都是信義計畫區的常客，店內也提供日文菜單。

曾有廠商邊用餐、邊進行視訊會議，店內貼心提供無線上網、白報螢幕方便開會，餐廳內以隔間方式為主，共包含八間包廂，小包廂約納六人，其中三間大包廂拉開隔間後，可以變成容納30人的大空間，在人數的使用上很具彈性。

因為走高級路線，所以紅花在抽風設備上有特別處理過，用完餐後就不會讓一身名牌服飾沾染煙味，這點在商務宴客時是很重要的細節，且每間包廂都有固定廚師

從頭服務到尾，如果需要商談重要事情，可以事先知會，烹調完食材後，師傅就會避開，對於商務隱私部份，是很貼心的服務。

　　點菜以套餐為主，含開胃菜、主菜、蔬菜、甜點、飲料等，強項是肉類、海鮮，總主廚每月親自挑選最佳肉品，品質有保障。

訂位資訊

地址：台北市信義區松壽路9號7F（新光三越A9）
電話：02-2345-0166
營業時間：
中餐11：30～14：30
晚餐17：30～21：30，假日～22：00
店休：無
刷卡：有
席位：65席
包廂：8間
開瓶費：500元／瓶

Order>> 討喜度100%經典菜色

1. 美國沙朗牛排／屬於2400元套餐的主菜，Primer等級，搭配煎得金黃的蒜頭，口感如馬鈴薯般綿密。

2. 生猛活鮑魚／南非小綠鮑，鐵板上快速燜煎後，鮮味很足。

3. 焗猛龍蝦／挑選台灣東部、東南亞的「焗猛龍蝦」每日進貨，簡單處理不過多調味，上桌時還活跳跳的，肉質鮮甜。

4. 新鮮蔬菜／鐵板料理的烹調時間都很短，搶的是食材原味，帶皮的小玉米筍很特別，甜豆、杏鮑菇等季節時蔬都可嘗到鮮味。

5. 紅花許願蛋／隱藏版菜單，屬於師傅私人招待熟客的小菜，這道曾入圍花博花漾料理佳作。將美國洋蔥挖空後，加蛋於鐵板上蒸過，底部帶微微焦香伴著半熟鮮嫩的蛋，簡單有味。

6. 店內也提供紅白酒選擇，搭配海鮮與肉類都很適合，可請服務人員推薦酒款。

六人包廂／透明窗外就可看到101，都市風景盡收眼底，堪稱餐廳內view最佳的小包廂選擇。

預算 ^{NT}$2000

歐陸創意料理

■ 適合台灣客／歐美客
■ 適合深入交談
■ 台灣在地有機食材入菜

編輯小評

交通便利度：★★★
裝潢氣派度：★★★★
美食賞味度：★★★★
餐廳話題性：★★★

B1有個專業的酒窖，以橡木作為木架，種類有數百款，紅白酒以歐洲較多，包括法國、義大利、西班牙，其他如美國、澳洲、智利、紐西蘭的酒類也有。

訂位資訊

地址：台北市大安區安和路一段127巷4號
電話：02-2707-7776
營業時間：
中餐12：00～14：30
晚餐17：00～22：00
店休：無
刷卡：有
席位：50席
訂位：最好訂位。
包廂：有
開瓶費：500元／瓶

採訪・撰文》李怡慧

台灣食材與歐陸料理精神營造驚奇的味蕾旅行

forchetta叉子餐廳

一般的歐陸料理餐廳，大多強調進口食材，叉子則大量使用台灣在地的好食材，最重要的是老闆Max至今依然每天清晨到濱江市場買魚貨、蔬菜，店內有一些少見的食材，他甚至親自到養殖現場確認後才放心使用。這裡以套餐為主，也最划算，料理約在2600～3000元間，熟客通常直接給預算，讓Max針對時令新鮮食材作發揮。

打開客戶話匣子

許多國外商務客，到台灣總是匆匆來去，甚少有機會能體驗北、中、南、東四季變化的美妙，更難吃到台灣頂級的農、畜產品，來叉子一趟，輕鬆就可吃遍台灣最棒的食材，烹調的手法卻保持歐陸料理風格，讓歐美客人毫無排斥的照單全收，藉此展現台灣人在各行業的勤奮表現，是彼此間商務合作的最佳完美催化劑。

Max本是獸醫，後來歷經景觀設計、轉戰美食料理，從開餐廳起才開始摸索做菜，有老闆帶歐洲客人來餐廳用餐，外國客人吃後還以為主廚是歐洲人，Max說或許是因為他常到歐洲去旅行，不特別是為了美食，但也吃了不少，很多特色菜都是自己在廚房裡摸索出來的，就像主菜「野生脆鱗馬頭魚蒜苗奶油醬汁」，使用基隆嶼的馬頭魚，他連著鱗片一起料理後上桌，酥脆的鱗片讓人口感驚豔，當時如此料理手法，在業界算很創新。

餐廳開了十年，有的客人一星期來十次，Max腦袋裡有一個筆記本，總能記下熟客喜好，用不同的料理創意征服熟客的味蕾，例如將鮮甜的野生蘆蝦、蝦母，搭配紅咖哩或蒜頭醬汁，會有意外的美妙口感出現；或是在產季時用宜蘭員山鄉的紅心芭樂作冰沙，也很受好評；有時用豆漿作義大利奶酪；有或使用鹿港的青骨白花椰菜，帶著很高的甜度，可以作為醬汁或配菜，口感都很特別。

餐廳外面有一個小小的
庭院，綠意盎然，冬天
暖陽時坐在外面應該是
很棒的體驗。

67

這裡挑選的材料，都很獨特，例如苗栗苑里的有機稻耕鴨胸，平時放養在有機稻田中，一年只有三～四次收成，每次只有一兩百隻，四季味道不同，幾乎都提供給Max的餐廳使用，屬於需預訂的隱藏版菜單，如果要點「油封鴨腿」則更難得。新竹湖口的有機蛋一顆市價50元，其嫩度與香氣來自雞吃的有機玉米、納豆菌等，用來作湯或其他料理，口感特優。其他如陶立克(一種小型的杏鮑菇)，來自地中海的特有品種，移至台灣彰化種植後很成功，農場使用木屑當介質，提供菌種生長，帶著濃濃的杏仁香氣，甚至可以拿來生吃，是主菜的最佳搭配食材。

Order>> 討喜度100%經典菜色

1. 有機稻耕鴨胸義大利牛肝菌菇醬汁／食用方式是先喝湯、再吃鴨肉。鴨胸煎烤後呈現五分熟，肉質甜且細嫩，一旁的清湯作法很法式，烤香鴨骨後以紅蘿蔔、西芹熬煮一天後過濾，加入鴨肉與蔬菜作成的肉泥，小火升高溫度讓鴨胸蛋白質完全吸附湯汁的雜質後形成肉餅，拿掉肉餅後剩下的就是所謂的清湯。那一抹佐以義大利陳年醋、紅甜椒的醬汁，讓肉質深層的味道盡釋。

2. 慢燉台灣黃牛肉佐奶油芋泥／這主菜屬3000元套餐（限量），使用黃牛上臉頰肉，每頭牛只有約一公斤產量，下墊大甲芋頭泥取代傳統馬鈴薯泥，取其特殊香氣，醬汁融合madeira紅酒、牛奶、松露，灑上南美洲紅胡椒，辣性溫和帶甜味，能點醒食材的味道。後方像城門的部分使用帶杏仁香的陶立克，疊上義大利帕馬森起司與有機小芽菜，這道菜像是幅立體圖。

3. 松露奶油南瓜湯／低溫烹調煮熟蛋白，上方點綴煎過的培根粒，吃法是用湯匙將整顆蛋一口吃進嘴裡，蛋液在嘴裡迸裂時香氣瀰漫。

4. 季節蔬菜盤／包含20多種蔬菜，依照時令更換，這道菜使用杏鮑菇、風乾番茄、花椰菜等，醬汁上也很有創意，是由玉米、茄子、鹿港白花椰菜作的醬汁，小小一個盤面上，Max從挑選食材到醬汁的豐富呈獻，很精彩。

一踏入餐廳，冷色系的現代奢華擺設富有超現實的美感。

採訪 · 撰文》汪傲竹　圖片提供》D.N.innovacion

創意分子料理，處處是驚喜

D.N. innovacion

台北第一家西班牙創意料理。主廚Daniel Negreira以深具風格的TAPAS料理手藝獲得企業家的賞識，因而離開了原先的El Toro餐廳，進入為他量身打造的D.N. Innovacion擔任主廚，繼續發揮創意。充滿流線感的前衛室內裝潢，與這裡拿手的分子料理一樣，處處是驚喜，有別於一般頂級餐廳的傳統設計。貼心且座位寬敞的包廂，更是成功的吸引了金融重地的各企業前往聚餐，一同享用異國美食。

打開客戶話匣子

有聽說過分子料理嗎？源自於西班牙的創意，因顛覆美食傳統而聲名大噪，轟動全球。廚師們將廚房變成實驗室，利用各種水狀膠質物使食物分子分離，以達到各種不同造型卻仍保留香氣口味的驚奇料理。可讓顧客先猜猜每道菜究竟是什麼食材，口感與視覺的反差效果絕對出乎意料！

　　獲得「2006年西班牙最傑出新秀主廚」的Daniel Negreira，曾服務於分子料理聞名的米其林餐廳，四年前來到台灣便以驚艷的廚藝吸引眾多食客前訪。Daniel Negreira擅長萃取食材的特性，並以全新樣貌呈現他所熟悉的西班牙料理。每一道菜的背後都是他獨特的原創性，是採用當季新鮮食材製作而成的藝術創作。

　　分子料理以分解的原理，顛覆一般人對於傳統食物的印象；採用最新鮮的食材，以拼解食物元素，保留味覺做為基礎，使每一口充滿驚喜。在步調緊湊，繁忙的現代社會中，菜色視覺上的反差帶著從容的幽默感，讓顧客能夠一次品嘗西班牙傳統料理以及廚房團隊精心的創意。

　　店家貼心的程度使用餐的需求皆可客製化，無論是口味，預算，菜單等，都可依客人需求做更改，提供無微不至的用餐環境。餐廳並設有包廂及硬體設備(投影機、螢幕)與服務鈴等，是許多公司聚餐的最佳選擇。

　　店家首先與客戶溝通以了解餐會屬質、

用餐時間，並按照人數及預算來客製化顧客所期待的菜色。若有酒水需求，專業的侍酒師將建議搭配酒款；若客人偏好或指定興趣酒款，亦可交給餐廳去做菜色搭配。

必點的著名西班牙菜色為西班牙海鮮飯、西班牙伊比利火腿、低溫式爐烤西班牙乳豬、加利西亞風味大章魚等，其餘為創意分子料理，以驚喜素材帶給顧客飲食方面的樂趣及享受。

訂位資訊

地址： 台北市信義區松仁路93號
電話： (02) 8780-1155
營業時間：
午餐 12：00～15：00 (最後點餐 13：30)
下午茶 14：30～17：00 (最後點餐 16：00)
晚餐 18：00～22：30 (最後點餐 21：00)
店休： 農曆新年中午營業，晚餐休息
刷卡： 可
席位： 81席
包廂： 有三間獨立包廂
酒水服務費：葡萄酒500元/瓶；烈酒700元/瓶
若消費店內酒款，即可優惠酒水服務費

Order>> 討喜度100%經典菜色

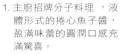

1. 主廚招牌分子料理，液體形式的捲心魚子醬，盈滿味蕾的圓潤口感充滿驚喜。

2. 週一至週五則提供經濟實惠的商業午餐，菜色豐富且選擇多樣化，使上班族在時間限制及預算內，亦能品嘗別有用心的創意料理。

3. 伊比利豬頰肉佐嫩煎香草鳳梨，西班牙經典燉肉質地入口即化，風味十足。

4. 西式早餐甜點的其中一種，牛奶麥片。

5.「西式早餐」甜點；這道看似荷包蛋與香腸的料理，竟是白巧克力與椰奶、芒果的化身。

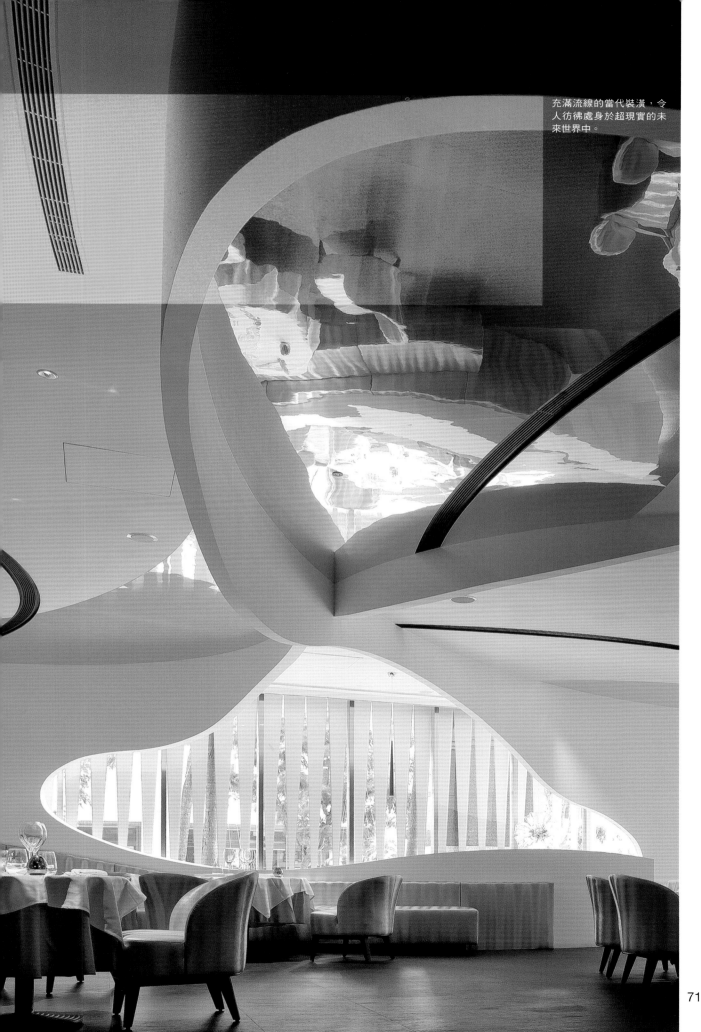

充滿流線的當代裝潢，令人彷彿處身於超現實的未來世界中。

| 預算 | NT$ **2000** |

法式創意料理

■ 適合台灣客、歐美客
■ 適合深入交談
■ 米其林星級料理

編輯小評

交通便利度：★★★★
裝潢氣派度：★★★★
美食賞味度：★★★★
餐廳話題性：★★★

充滿法式時尚感的紅黑色對比色調裝潢，款待重量級的客戶絕對驚艷，得體不失禮儀。

採訪・撰文》汪傲竹　圖片提供》侯布雄

星級美味，款待重量級的客戶絕對驚艷

L'ATELIER de Joël Robuchon
侯布雄

L'ATELIER de Joël Robuchon，在還未進駐台北之前，早以絕妙的風味佳餚以及創始人的響亮名氣，掀起了全球創意美食的風潮。被譽為「二十世紀第一名廚」的Joël Robuchon，號稱「摘星殺手」，是全世界累積最多米其林星星的傳奇廚師，不僅擔任料理總監，更負責駐派他親手調教出的得意子弟為全球各餐廳據點。充滿法式時尚感的紅黑色對比色調裝潢，款待重量級的客戶絕對驚艷，得體不失禮儀。

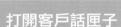

打開客戶話匣子

全球風靡的米其林指南，源自於1900年米其林輪胎老闆出版給駕駛人士維修及旅遊住宿的資訊。此行銷手法高超並出乎意料的熱門，也成了現代人人皆曉的，一生必去的餐廳指南。目前亞洲地區僅東京有150家餐廳被評鑑為米其林星級餐廳，而L'ATELIER de Joël Robuchon則是台灣第一家擁有米其林光環的料理。可與客人討論是否曾試用過創意行銷手法而得到意外的效果，或曾光臨過其他哪些國家的米其林餐廳而留下深刻印象。

環繞開放式廚房的三面吧台是侯布雄體系的設計標章。整面的酒窖牆，加上資深專業的法籍侍酒師BenoÎt MONIER細心地介紹每一支酒的由來，使用餐氛圍輕鬆愉快。除了較私人、適合深談的沙發座位，吧台的位置也是種不同的體驗，能與廚師更近距離的接觸，目睹廚房團隊精湛的廚藝。曾有知名企業老闆因無沙發坐區，只好坐到原本不喜愛的吧台位置，但從此以後竟愛上那充滿互動性的區域，因而往後都指定坐吧台。

義籍主廚Angelo AGLIANÓ，曾擔任世界各地頂級

舒適的沙發座位，提供給商務客較有隱私的空間。

飯店及餐廳主廚，多年異國經驗也使熱愛旅遊的他
更懂得詮釋並靈活運用當地各種食材。對於廚藝充
滿熱情的他，在2008年正式進入Joël Robuchon集團旗
下擔任主廚，將法式頂級料理融入義式元素，迸出
頂級饗宴的料理火花。

　　一般宴客較適用點選套餐部份，另外可搭配侍酒
師所推薦的套酒系列。法式餐廳注重的是用餐品質
及享受，因而時間充裕，每一道上菜擺盤也十分講
究，充滿驚喜。菜單隨季節作調整，客人可吃到最
新鮮的食材及不同菜色。來這必點Angelo主廚自豪

訂位資訊

地址：台北市信義區松仁路28號5樓
(BELLAVITA寶麗廣場5F)
電話：(02) 8729-2628，(02) 8729-2629
營業時間：
中餐11：30～14：30
晚餐18：00～22：00
店休：無
刷卡：有
席位：65席
訂位：皆須訂位
包廂：無
開瓶費：1500元/瓶(750ml)

的燉飯，這道菜不但充滿了他的家鄉西西里的風味，更是讓他進入侯布雄集團的拿手菜，成功擄獲了米其林「摘星殺手」的味蕾。

Order>> ## 討喜度100%經典菜色

L'ATELIER代表工作坊，摩登的開放式吧台面對開放式廚房，令顧客享受美食的當下，亦能欣賞廚房團隊的熱情與用心。

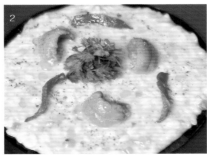

1. 經典珍珠糖球。甜點主廚成田一世的招牌創作，宛如珍珠的外型只有蛋殼般薄，躺在乾冰海中，一敲即碎，淌出細而不膩的咖啡慕斯，令人歎為觀止，捨不得吃。色澤及口味根據季節時令而做改變。

2. 經典義式海膽燉飯。主廚Angelo的招牌義式燉飯，飯粒香Q有勁，再搭配上濃郁的醬汁形成完美組合。

3. 脆皮玉米餅水波蛋佐煙燻鮭魚與經典魚子醬。紅橘色的精力蛋蛋黃，搭配double cream及魚子醬，呈現充滿層次的綿密口感。

4. 經典名菜–鵪鶉鑲鴨肝佐松露馬鈴薯泥。午餐時段提供商業午餐，價錢從NT$1280起跳，包含主餐及甜點，飲料。

5. 日式鯛魚佐百合柚子清魚湯。

6. 香煎干貝佐黑松露西芹根濃湯。

預算 NT $2000

義大利料理

- 適合台灣客、歐美客
- 適合深入交談
- 自然幽靜，另可規劃泡湯行程

編輯小評

交通便利度：★★
裝潢氣派度：★★★★★
美食賞味度：★★★
餐廳話題性：★★★★

番茄商業包廂替顧客提供隱密的空間洽商開會。

如果客人有獨愛的泡湯需求，三二行館另有用餐加泡湯的選擇，滿足顧客的需要。

採訪・撰文》陳怡君

滿餐人文山水香，展開最佳味覺韜養之旅

三二行館

位於北投陽明山的三二行館，前身為創辦人的私人招待所，隱密低調的入口，讓人一不小心就錯過，卻更能夠保護顧客的隱私，提供商業上極大的方便性。

打開客戶話匣子

三二行館的貼心服務讓許多商務貴賓印象深刻，如之前有一公司老闆宴請韓國貴賓，但發現韓國貴賓在用餐時悶悶不樂，胃口不佳，所以侍者和主廚討論後便替顧客準備韓國泡菜，當泡菜上桌時，韓國顧客驚喜萬分，讓他們胃口大開，之後享用每一道菜時，都能夠非常的快樂滿足。這樣細緻的服務，雖然看似平凡，但是對每一位客人的意義卻非常重大。使每位賓客開心，是三二行館能夠深得企業主歡心，用來招待客戶的最佳選擇。

三二行館中的義大利餐廳，採取事前預約制，此為保障顧客能夠享有完整的用餐環境，並且提供最完善的客製化餐點安排。餐廳中並設有三個獨立包廂，使商務顧客能夠在不被打擾的環境下，盡情享用餐點；其一包廂並設有投影機，讓顧客在被大樹圍繞的鳥語花香環境裡，有足夠的時間深入交談。此餐廳另一大特色為豐富的酒藏，能夠讓顧客盡情地喝酒。

而三二行館另一個和其他商務餐廳不同的地方，是得天獨厚的泡湯環境，招待外國客人好好的體驗台灣特有的泡湯文化，讓客人遠離塵囂，在大自然中充分休息，不被打擾，進而迅速做出正確的商業決定。

三二行館餐廳以提供經典義大利料理為主，其餐廳最特別的地方，在於可以替客人設計符合需求的菜單。餐廳雖然有提供套餐與單點兩部份，但是因為採取預約制，所以可以事先瞭解客人的需求，及早做更完善的餐點預備。

三二行館的義大利餐廳經典菜餚，為義

大利白松露燉飯佐蘑菇及嫩煎鵝肝，美味的燉飯，呈現金黃色粒粒分明，黏稠有彈性，搭配來自義大利北部的帕梅森起士，帶點淡淡迷人的乾果香氣，特殊的乳味隨即化開來，再加上特製高湯及起士香味的義大利米，增添了白松露的特殊香氣，濃郁於唇齒中蔓延。

訂位資訊

地址：台北市北投區中山路32號
電話：(02) 6611-7888轉312
營業時間：
午餐12：00～14：00/下午茶15：00～17：00/
晚餐18：00～21：00
席位：80席
訂位：開放全年度預約，只要行程確定即可來電預約。
包廂：3間
開瓶費：500元/瓶

三二行館義大利餐廳入口低調典雅。

Pepper 商業包廂備有投影機軟體硬體設備，讓顧客開會時心無旁騖地在大自然裡做最正確的商業判斷。

Order>> 討喜度100%經典菜色

1. 嫩燒小羔羊排佐黑蒜泥及白波特酒醬。低溫烘烤的方式讓小羔羊肉質保持鮮嫩口感，佐上以味道清雅和帶甜味的白波特酒，這一口是一種無與倫比的享受。

2. 燒松葉蟹肉佐無花果及酪梨沙拉。當季日本新鮮松葉蟹搭配酪梨無花果沙拉，入口淡淡的堅果香氣，酸甜開胃讓人味蕾大開！

3. 義大利白松露燉飯佐蘑菇及嫩煎鵝肝。美味的義大利白松露燉飯粒粒分明，呈金黃珍珠狀，搭配蘑菇和嫩煎鵝肝，口齒留香 令人回味無窮。

三二行館坐落於北投，其
優雅安靜的空間提供顧客
一個可以喘息、遠離塵囂
的最佳空間

農業社會時代，
人與人之間的關係十分融洽和諧，
尤其遇到久未碰面的朋友或親友時，
第一句話並不是「你好嗎？」而是「呷飽沒？」
由此可見，吃飯這件事，
在人們心中占有很重的地位，深深影響我們的人際關係。
因此，設宴款待國外客戶成了業界常態，
當中有著不得不知的各項禁忌，熟知其一二，
才能等客戶把一塊大肉塞進嘴巴後再順利談正事！

採訪 ‧ 撰文》邱和珍

「桌上交誼」談出一門好生意

餐桌禮儀，
教你緊緊抓住顧客訂單

距離台北僅有四十分鐘車程的桃園國際機場，每天均有來自世界各地，數以萬計的商務旅客，前往台北和廠商進行業務協商。根據經濟部國際貿易局統計，台灣主要出口國家和地區將近二十個，如果再按照出口金額細分，那麼出口至中國和香港的貿易總額則名列前茅。其他依序為東協六國（包括印尼、馬來西亞、菲律賓、新加坡、泰國、越南）、美國、日本、南韓、德國、英國、荷蘭、澳洲、印度、巴西、俄羅斯和沙烏地阿拉伯。

由於各地區的文化存在著不同程度的相似和差別，如要了解所有客戶原居地的宗教歷史和風俗文化，是不可能的，因此，接下來的內容將集中討論，台灣出口貿易較多的地區，其民族特質和飲食禁忌，讓代表賣方的業務人員，在招待客戶吃飯時，留下美好且深刻的印象。

尊重異國文化，打動顧客味蕾再打開訂單

在設宴款待國外客戶時，除了端出垂涎三尺的美味佳餚、展現東道主的熱誠外，還要避免在餐桌上出現讓客人視為毒蠍猛獸的禁忌食物。尊重，是突破文化藩籬的第一步，如此才能賓主盡歡，訂單手到擒來。

中國 幅員遼闊，南北文化大不同

中國大陸幅員遼闊，物產豐富，各民族、各地飲食習慣和烹調方法，都有很大的差異，從北到南，口味由鹹轉淡；從西到東，口味由辣轉酸；從陸到海，味道由重轉輕。但仍以米飯和麵條為主要食糧。雖然教育水平參差不齊，通常居住在大城市的人們，其生活模式和飲食文化與台灣較為接近，但有些禁忌仍需特別注意，以免貽笑大方。

因為地域性而形成飲食差異，大陸人到台灣比較常吃的肉類食物有清蒸魚、炸蝦、放山雞、烏賊、魷魚、蚵仔、蜆仔等。但對強調入口甜嫩鮮美的白斬雞，大部份的大陸人都認為「沒味道」，所以把這道台灣美食從宴客菜單中剔除吧！此外，其他像高麗菜、炒大腸、滷豬腳、炸肉丸、蛋花湯、下水湯、豆腐湯等，也都敬謝不敏。

台灣人一般是吃飯配菜，所以主食往往是最先上桌，大陸人的食量比較大，往往在餐宴快結束時，再來一碗麵食或米飯，因此，招待他們應多加留意，否則客人可能吃不飽。因為民族情結影響，有些大陸人對於吃日本料理仍有抗拒心理，所以選擇餐廳一定要多做功課，才不會讓客戶快快不樂。如果預算允許的話，寧可找有包廂的餐廳，不要選擇裝潢簡陋和門面寒愴的場地，因為大陸人比較重視排場，如果能夠讓對方覺得很有面子，可為賣方創造快速成交的機會。

主食： 北方人吃得比較鹹，最好多準備醬油、辣椒醬、白醋、蔥、蒜等調味料。這些年來，北方人也習慣吃米飯，但如果能夠準備一些熱騰騰的麵條或饅頭，會讓他們感到「揪甘心耶」。大陸人都很喜歡台灣各式各樣的小吃，北方人尤其喜歡吃台式肉粽，餐桌上如果有這道點心，更能凸顯主人的貼心。
附餐： 大陸北方人不喜歡吃葡萄柚、百香果、蓮霧、火龍果和芭樂，而上海人則把蘋果視為「病故」，所以餐後水果應盡可能避掉這些禁忌。

主食： 南方人吃得比較清淡，所以不要點口味太重的菜。不過，如果你帶他們去吃台式的清粥小菜，像是地瓜稀飯、醬菜、肉鬆、冷盤小菜等少油、低糖、低鹽的健康食物時，恐怕會讓客人覺得太過寒酸。在台灣一斤動輒100至200元左右的海瓜子，在廈門人眼中卻屬於「大排檔」的食材，南方靠海的福建人或廣東人會覺得檔次太低。
附餐： 大陸北方人愛喝白酒，而南方人較為多元，無論是紹興酒、紅酒或啤酒，各有各的擁戴者；但是，對於洋酒尤其是威士忌和白蘭地的接受度較不普遍。

北

中國

南

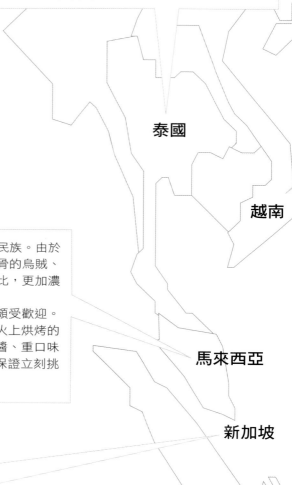

東南亞　辛辣重味，中式菜色接受度高

在東協國家中，台灣出口至新加坡的金額最高，其餘是越南、泰國、馬來西亞、菲律賓、印尼等國。

新加坡的華人約佔總人口的74%，傳承大多數中國傳統習俗，重視種族融合，教育普及，城市化很高。他們的飲食模式以中式為主，尤其偏好廣東菜和福建菜，夾雜印度和印尼等多元種族特色，形成獨特的飲食文化。通常，新加坡人比較沒什麼飲食禁忌，如果不知道如何選擇餐廳時，安排廣式料理或福建菜即能符合他們的口味。

如果宴請的對象是新加坡的馬來族（即穆斯林），就必須避掉豬肉食物和酒精飲料，可以考慮酸辣口味的菜餚如咖哩雞、咖哩魚頭、酸辣牛肉河粉等。

以佛教為國教的泰國，飲食口味偏重濃郁、辛辣、新鮮的菜餚，不可或缺的調味料有辣椒、蔥、薑、蒜、魚露、咖哩醬等。泰國人雖吃得雜，但不吃牛肉或乳製品，也不愛吃紅燒類的菜餚。泰國和台灣都盛產水果，餐後可招待客戶品嚐愛文芒果、檳榔、黑金剛蓮霧、釋迦、牛奶鳳梨等水果。

泰國人很喜歡喝酒，尤其是冰冰涼涼的啤酒。他們不愛喝熱茶、熱咖啡，喜愛喝冰綠茶、蜂蜜綠茶、檸檬綠茶，以及加了煉乳的冰咖啡。總之，招待泰國客戶，把握辣一點、奶多一點、甜一點、冰一點等原則，即可讓對方感受到你的真誠款待。

泰國

越南

馬來西亞有60%是馬來人，其餘是華族、印度族及少數民族。由於馬來人大多信奉伊斯蘭教，他們不吃豬肉、不吃無鱗無骨的烏賊、海參、不吸煙、不喝酒，飲食口味和東南亞其他國家相比，更加濃重一些，喜歡添加咖哩和辣椒。

馬來西亞人以米飯為主食，麵食也相當普遍，港式點心頗受歡迎。招待他們吃飯時，選擇可以把新鮮食材串起來，拿到炭火上烘烤的餐廳，另外再準備香甜美味的花生醬、辣得要命的辣椒醬、重口味的醬油膏或咖哩醬，將這些醬料放在伸手可及的地方，保證立刻挑動他們的味蕾。

馬來西亞

新加坡

主食：新加坡人和台灣人一樣，喜歡口味清淡、微辣味道的風味小吃，其中辣椒炒蟹是人氣菜餚。新加坡人對麵食的接受度不像對米飯來得高，除此之外，他們平日還喜歡品嚐以各種葷素為配料的魚粥、皮蛋粥、肉丸粥等。

附餐：新加坡人一般不太喝酒，但喜歡喝鹿茸酒、人參酒等補酒。由於當地氣候炎熱潮溼影響，使得他們習慣飲用榨蔗汁及椰子汁來消暑解渴，餐後除了招待他們喝杯清茶以外，還可以選擇具有台灣特色的珍珠奶茶、甘蔗汁、冬瓜茶等飲料。而他們對偏甜味的蛋糕、麵包則趨之若鶩，對巧克力更是情有獨鍾，也偏愛桃子、梨子、荔枝等水果。

印尼

印尼的飲食口味和東南亞其他國家差不多，喜愛添加咖哩的菜餚。大多數印尼人信奉伊斯蘭教，不吃豬肉和飲用酒精類飲料。

主食：越南人講究菜多肉少，習慣所有的菜餚炒齊後，再一起上桌。因此，招待他們吃中式料理是一項不錯的選擇。當地飲食口味偏重粵菜和蘇菜，喜歡炸、清蒸、燒、滷的菜餚，例如脆皮炸雞、清蒸螃蟹、紅燒魚翅、糖醋里肌等。他們喜歡吃圓圓短短的梗米，就是我們常説的「蓬萊米」，對包子、豆沙包、餛飩等麵食接受度很高。他們不愛吃豆芽、羊肉、多骨刺的魚和辣味菜，不要招待他們吃羊肉爐、麻辣火鍋，或是虱目魚料理。如果是越南的占婆族更忌諱吃豬肉和牛肉。

附餐：越南人一般不喝烈酒，喜歡喝中國茶和咖啡，餐後可準備他們愛吃的檳榔、香蕉、柑、桔、椰子等水果。

日／韓　飲酒交誼不可少

日本以麵食和米飯為主食，飲食口味大多鹹酸，清淡少油，稍帶甜酸和辣味，偏愛冷、熱、生、熟等烹調方式，講究菜品的色澤和形狀，菜餚份量普遍較少。而韓國人的主要食糧是米飯和泡菜，飲食口味偏重清淡、涼辣、忌油膩，喜愛燉煮和火烤的菜餚。

日本人和韓國人都屬愛喝酒的民族，表面上，日本人不苟言笑而且非常拘謹，但如果想與他們交心，喝酒是最好的方法。當酒過三巡、菜過五味後，氣氛逐漸融洽，即可開始談到正事了。

菲律賓

韓國人一般不炒菜，普遍喜歡涼拌蔬菜、生拌魚肉的菜餚。主食喜愛食用麵條、牛肉、雞肉，不愛吃饅頭、羊肉和鴨肉。

韓國

日本

菲律賓人以米飯為主食，亦接受麵食，口味偏重香、甜、微辣，食用煎、炸、烤的菜餚，愛吃川菜和蘇菜，喜歡烤乳豬、北京烤鴨、香酥雞、乾燒魚、咕咾肉等菜餚。他們愛喝啤酒、濃咖啡、椰子汁等飲料，嗜吃各種水果，尤其是檳榔。但是，如果招待信奉天主教的菲律賓人，小餐包不可以倒著放，因為倒放表示不尊重人。如招待的是信奉伊斯蘭教的馬來族人，應避免他們所忌諱的一切食物和飲料。

日本人喜歡魚、蝦、貝等海鮮為配料的菜餚，食用瘦豬肉、牛肉、雞肉和蔬菜，但不愛吃羶味太濃的羊肉，也不喜歡肥豬肉、豬內臟、鴿肉、鴨肉和皮蛋。餐後別忘了來一杯茶，日本人是一個很懂得喝茶的民族，尤其喜歡烏龍茶和綠茶。

Know-how ／ 餐桌上的競爭力

歐／美 飲食
自主

來自歐美國家的外國客戶，大多對動物具有強烈的保護意識，他們不吃青蛙、海參、魚翅，也不喜歡帶細刺的淡水魚，以及需要吐出骨頭的螃蟹、排骨等菜餚。招待他們中餐西吃，菜餚可著重在冷盤、生菜沙拉、油炸食物、水果、甜點、鮮榨果汁等方面。

台灣人向來熱情好客，但不要幫客戶挾菜或勸酒，會讓他們感到不自在，無法專心品嚐美食。除非你和對方是合作多年的「換帖兄弟」，趁這難得機會喝個痛快，否則淺嚐即可，免得留下壞印象。

印度人以印度烙餅和咖哩飯作為主食，喜歡使用香料，尤其是以咖哩烹調食物，不吃醬油或醬料調味的菜餚。一般而言，在印度將近80%人口是素食者，他們喜歡吃番茄、洋蔥、馬鈴薯、茄子、洋山芋等蔬菜，不吃蘑菇、木耳。招待印度客戶只要掌握蔬菜多、咖哩多的原則，即能讓對方盡興而歸。

美洲

巴西

印度

歐美人士大多只吃動物的肉但忌食肥肉，不吃動物的內臟、頭、蹄、血等部分。歐美人士的飲食口味偏重清淡、香酥、甜味，不喜歡麻辣、蒸、紅燒的菜餚。他們不吃添加味精、蒜、薑、韭菜等調味料的食物。很少吃海鮮，只吃不帶魚骨頭的魚塊。

大多數印度人信奉印度教，吃羊、雞、鴨和魚蝦等肉類，不吃牛肉、不吸煙、不喝酒，但愛喝紅茶或咖啡。

巴西人以黑豆飯為主食，食用魚、牛羊肉、豬肉、雞等肉類食物。他們不喜歡太鹹，偏愛麻辣味道，喜歡清蒸、滑炒、炸、烤、燒的菜餚。

他們食用羊肉、豬肉、涼拌菜、酸黃瓜、魚蝦等食物，不吃烏賊、海蜇、海參、木耳及沒有削皮的水果。俄羅斯人愛喝烈酒伏特加，一般酒量都很大。

俄羅斯

歐洲

沙烏地阿拉伯

他們的主食是大餅和手抓飯，菜餚以燒烤和炸的牛羊肉為主，不吃魚肉、海參、螃蟹等海鮮食物。喜歡甜食和紅茶，但不喝酒。

澳洲

澳洲人對動物蛋白質的需求量很大，愛吃牛肉、豬肉、羊肉、雞、鴨、魚蝦及奶製食品。他們喜歡喝啤酒，對咖啡很感興趣。

俄羅斯／澳洲　異國料理

　　俄羅斯人的飲食習慣和台灣差異較大，招待他們吃西餐會比中餐更為合適。他們的主食是黑麵包，飲食口味偏重酸、辣、鹹味，喜歡炸、煎、烤、炒的菜餚，尤其愛吃冷菜。

　　巴西人用餐習慣以歐式西餐為主，樂於品嚐川菜，對什錦拼盤、乾燒魚、辣子雞丁、糖醋魚等中式料理，趨之若鶩。就像台灣人喜歡喝茶一樣，巴西人喜歡濃咖啡和紅茶，愛喝葡萄酒、香檳酒。

　　澳洲95%人口是英國和其他歐洲國家的移民後裔，風俗文化與歐美國家差不多，飲食以英式餐飲為主，口味偏重清淡，不喜歡油膩也不吃辣，只要留意這些國家人民的飲食禁忌，無論是以中餐或西餐招待他們，均能獲得真誠的友誼。

　　大多數人民都信奉伊斯蘭教的沙烏地阿拉伯，其飲食禁忌與印尼和馬來西亞，大同小異。中式料理未必符合阿拉伯人的飲食習慣，但仍有許多異國料理可供選擇，像是清真餐館、韓國烤肉餐館、歐式西餐廳等，都足以讓他們見識「吃在台北」的魅力。

當國外顧客決定飛至台灣採購，
或是決定組團來台考察，
負責相關業務的公司部門員工也必須即刻動員起來，
妥善規劃對方來台食、衣、住、行、育、樂的各項安排，
同時也要聯繫好可能接洽的各個窗口，
務求讓對方來台洽公期間「賓主盡歡」。

採訪 ‧ 撰文》方嵐萱

從國外客戶來台的
行程安排中，搶先卡單！

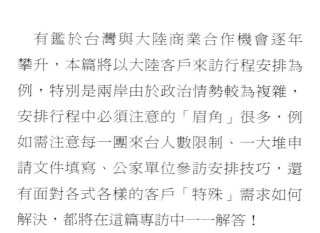

　　有鑑於台灣與大陸商業合作機會逐年攀升，本篇將以大陸客戶來訪行程安排為例，特別是兩岸由於政治情勢較為複雜，安排行程中必須注意的「眉角」很多，例如需注意每一團來台人數限制、一大堆申請文件填寫、公家單位參訪安排技巧，還有面對各式各樣的客戶「特殊」需求如何解決，都將在這篇專訪中一一解答！

　　為了提供詳實資訊，本次採訪對象為近年來專責承辦大陸企業人員來台參與會議或參訪行程的泰可聯合國際事業有限公司企劃部經理施慕筠。過去泰可曾多次承攬在兩岸建築業之中頗負盛名的「中華建築金石獎」頒獎典禮與「金石獎兩岸建築文創產業高峰論壇」。

　　擔任主要企劃與執行任務的施慕筠，

因此擁有招待大陸客戶的豐富經驗，並練就行程安排總能「貼近需求」、「圓滿開心」的必勝秘訣。接下來她將分享在招待國際客戶來台考察過程中必須注意的三大法則，並在最後提供一個行程安排懶人包，讓你照著做就能將「食、衣、住、行、育、樂」全都打點好。

1 》看清市場現狀，隨參訪法規調整接待規模

近年來兩岸商務人口往來雖說是屢屢突破歷史新高，但礙於兩岸政治情勢，大陸來台商務參訪仍然有許多限制，尤其是來台參訪人數越多，申請限制越多也會越嚴

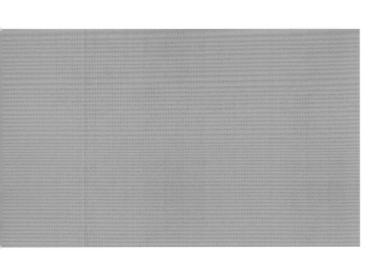

格，「原因不外乎害怕他們來了之後偷渡與跳機。」因此，施慕筠建議最好將人數控制在30人以下。

其次，因為來台團員大多為大陸公司負責人，商務工作繁忙，經常忘記繳件時間，造成個人申請來台相關表格收件曠日費時，施慕筠建議最好聘請一位當地「比較有手腕」的旅行社導遊專門負責。她提起第一次申辦整個過程花了一個月，卻還有十多個人沒繳齊，從那次之後就曉得一定要請專人到府取件。

大陸人員來台必須在進入台灣一個月前提出申請，且若為考察活動必須由台灣非政府組織（NGO）如公會、協會等出面申請，必須填寫備查文件就更多，例如團體名冊、活動計畫與每日行程表等。「為了確保整個活動能夠順利進行，最好在活動舉辦前四個月就開始籌備，時間上最為充分。」

大陸地區專業人士申請來台的準備資料

Check List

1. 詳盡填寫旅行證申請書，並附最近二吋半身彩色照片一張。
2. 個人專業造詣（學歷證明）及職務證明
3. 大陸地區居民身分證影本（大陸）、港澳通行證影本（港澳）或中共護照影本（海外）一份
4. 團體名冊

know how

「第三地轉機辦證件比較輕鬆」，原因在於大陸幅員廣大，不同省份的人若要直飛來台必須先回自己的故鄉辦理「省批」，但若由香港或第三地第轉機就可省去這個麻煩。

2 》 行前弄清特殊需求，行程安排商請公會協助

「其實許多企業主來到台灣，多少都會有個人的特殊需求，因此最好是在對方出發前搞清楚，這樣才能滿足他們的需要。」2011年施慕筠接洽了對岸一間公司要求要來台灣進行「物業管理」考察，所謂物業管理是指提供建築物內部的各項服務，例如保全、清潔、設備維修、保養等工作，用以提昇不動產與土地的價值。而「物業」則是指商辦大樓、商場、購物中心、大型社區、住宅、休閒渡假中心等等。

因此，為了讓來台的顧客可以參觀到「最主要」的標的，施慕筠就必須先做功課了解台灣目前的物業市場，並找出必看的物業產品；而其中又屬台北101的物業管理最具規模，「掌管台北101管理的經理非常厲害，不管問什麼問題都能對答如流，參訪的顧客就會覺得來這一趟值回票價。」另外，必須要注意替大陸人員申請來台交流的「單位」也很重要，好比施慕筠專辦建築考察，就必須找相關協會與公

會幫忙，若對方來台的目的不同，那麼就必須商請其他公會幫忙，不過所有協會、商會每年都有申請的額度限制，超過就可能必須花錢向其他協會商借「名額」，其費用從台幣800元至8000元不等。施慕筠強調「若非不得已一定要向人商借名額，得要打聽清楚該協會的底細，否則過程中若出了紕漏，壞了公司商譽反更不好。」

在接待國外商務團時，常會與當地旅行社接洽合作，施慕筠強調，凡是行程安排過程裡，有其他第三方涉入，就一定要白紙黑字寫清楚，尤其與對岸旅行社合作的過程中，包括彼此的分工、權責等都要寫清楚，特別是遇上「不可抗力因素必須延期」的情況，當這樣的狀況發生時就會衍生機票、住宿費用的問題。

施慕筠2011年遇到的狀況是大陸旅行社已經先代墊訂金給航空公司，結果因不可抗力的因素，提前一個月要跟航空公司改期，但對方告知必須支付一筆機票改期費用，一開始施慕筠認為已經提早一個月，照理航空公司應該不會收取任何費用，實際去電詢問後發現只要訂購團票確實都需要改期費，但這筆費用可以透過旅行社與航空公司私下協商，談定一個合理價格，但由於那時沒有跟旅行社約定支付成數，「結果大陸旅行社獅子大開口，坑了一筆。」因此，施慕筠強烈建議，與旅行社簽訂合約一定要加入這一條規定。

3》隨參訪人數分工安排行程，貼近顧客服務

　　若是參訪團的人數較多，行程的安排通常就會分工成兩個部份，一個是對方窗口，好比大陸旅行社，以及台灣旅行社，又稱「接地社」，專司團員落地之後的招待工作。由於施慕筠負責的業務主要是帶對岸企業主參訪台灣重要建築、房地產市場考察與物件拜訪。為了讓行程走得順利通常都會找台灣旅行社協助，除了一些必定要去參訪的重要建築、名勝景點，如台北101、故宮、阿里山、日月潭、高雄西子灣、85大樓等，其他都交由旅行社負責。但旅行社可能會在行程中安插「Shopping」的行程，把客人帶去購買山產、珊瑚、茶葉等。但不是所有客人都會喜歡這種行程，因此建議最好事前要跟旅行社說明清楚，只能安排多少個購物站。

　　還有要注意，若有安排公家單位拜訪，結束訪問行程時剛好接近吃飯時間，最好能夠預留空檔，「台灣政府單位或民間企業其實都很好客，他們都會自己表明想要招待這些客人，期待透過筵席與這些參訪團成員建立關係。」其次，某些時候客戶會有「個人夜間行程」安排，但若是大陸團員通常是不被允許脫團，可是經常會遇上非常堅持的團員，特別是他們期待利用這次考察拜會相關企業主，「為了務求雙方開心，通常都會請他們簽署切結書，否則就不能脫團。」

■ 行程安排懶人包

Tip1「食」

通常大陸參訪團來台，不免有些官方行程的安排，例如政府機關、學校、社團參訪。倘若安排政府機關參訪的時間接近中午或晚間用餐時間，最好先把這個時間空下來，因為對方大多會希望利用用餐時間與參訪團成員有更多交流。

Tip2「衣」

由於來台期間從平地到高山的行程皆有，因此最好在行前說明會時事先提醒對方記得要帶外套，以便上山時有足夠衣物保暖。

Tip3「住」

住宿地點若位於台北、台中、高雄三大都會區內，挑選旅館時首重交通便捷，如此夜間可帶著團員以步行或搭乘大眾交通工具的方式逛遊鬧區，外國顧客來台灣很喜歡買3C產品與逛街，因此住宿地點最好靠近市中心、捷運站。假設位於郊區，便要觀察飯店內之附屬設施是否豐富，例如是否有溫泉、游泳池、健身房、遊樂室等等，好讓團員有地方打發時間。

Tip4「行」

委託旅行社租賃巴士時一定要確定「使用年限」，以及駕駛人相關紀錄。「點」與「點」之間的行車時間勿拉太長，以免駕駛疲勞過度。若安排花東行程，為避免巴士行走蘇花高危險性較高的問題，可安排從宜蘭搭乘火車至花蓮再接巴士，亦使團員有機會體驗搭乘火車的樂趣。

Tip5「育」

大陸團員來台最愛活動；第一看政論節目，藉以感受「罵」政府的樂趣；第二是逛誠品書店，因為可以買到許多大陸無法出版的禁書。因此，行程安排別忘了排進這兩項頗具「育」意的活動。

Tip6「樂」

台北101、日月潭、阿里山看日出、西子灣看夕陽，都是大陸團員來台一定要安排的行程。此外，參訪原住民文化村、享受台灣道地茶文化與咖啡文化之行，也是相當受歡迎的行程。

■ 大陸地區人民入出臺灣地區申請書 範例

申請Tip

在申請大陸人士來台過程中，最重要的文件莫過於填妥「大陸地區人民入出台灣地區申請書」，若其中一項資料填錯，就會被要求重填，可能因此影響全部人員進入台灣的時間，不可不慎！

收件號：　　　　　　　　　承辦人編號姓名：　　　　　　　　　　　　　　MV0101

大陸地區人民入出臺灣地區申請書

姓名	王╳中	英文姓名（正楷填寫）	WANG ╳ CHUNG	☑初次申請　□再次申請

原名（別名）	王╳╳	性別	□男　□女	出生地	湖南省　　縣（市）　長沙(市)	身分證明號碼	╳╳╳

出生年月日	民國 49年 ╳ 月 ╳ 日（西元 1960 年）	學歷	北京大學	統一證號（無則免填）	
		現住地區	□大陸 □港澳 □國外		

申請事由及代碼		所經第三地區	□香港　□其他（　　）	入出境證證別	□單次　□逐次加簽 許可證　□多次

申請人

現職

本職：國務卿政治研究所助理研究員　美國普林斯頓大學研究員

兼職：中國社會科學研究助理

經歷（含曾任職務、具有何種專業造詣等）　當代中國研究中心　研究員　湖南省　居　人大代表

居住地址		電話	
聯絡地址		電話	

證照資料	☑大陸地區所發護照　□其他	號碼	╳╳╳	發照日期及效期	20╳╳年╳月╳日 效期╳年	何時由何地到僑居地	地點：湖南　時間：1986

外國簽證資料	國別	美國簽證	種類	F1	日期	20╳╳年╳月╳日	效期	六個月	停留期限	20╳╳年╳月╳日

申請人在台親屬狀況

稱謂	姓名	出生年月日	存歿	職業	現住地址	電話
父	王╳國	1920.1.1	存	退休	湖南省╳╳╳	
母	趙╳珍	1925.2.2	存	無	湖南省╳╳╳	
配偶	李╳娟	1960.3.3	存	商	湖南省╳╳╳	
子女	王╳強	1980.4.4	存	學生	湖南省╳╳╳	

來臺地址（旅館）	台北市╳╳路╳段╳號	電子郵件信箱	

探親探病奔喪對象資料	稱謂	姓名	出生年月日	身分證號	現住地址	電話及手機號碼
	兄	王╳華	1945.5.5	╳╳╳	北市╳╳路╳號	╳╳╳

代申請人資料	叔	王╳雲	1930.6.6	╳╳╳	北市╳╳路╳號	╳╳╳

□同意以簡訊方式通知核准或補件，手機號碼：

一、請貼最近 6 個月內所拍攝之彩色、脫帽未帶有色眼鏡，五官清晰、不遮蓋，相片不修改，足資辨識人貌，直4.5公分橫3.5公分人像自頭頂至下顎之長度不得小於3.2公分及超過3.6公分，白色背景之正面半身薄光面紙照片，且不得使用合成照片。

二、照片背面請書寫姓名、出生日期。

代辦旅行社	
註冊編號	
公司及負責人戳記	

服務網址為:http://www.immigration.gov.tw/aspcode/QA_Class1.asp

條碼編號請勿污損

95.10.1,500 本　　表單編號：QW2701-03

■ 大陸地區專業人士申請來臺從事相關活動理由及計畫書範例

申請Tip

此份計畫書主要作用為說明大陸人士申請來台的事由，填寫時務必清楚交代所有內容，特別是活動時間、地點與參加人員姓名絕對不能填錯。

大陸地區專業人士申請來臺從事相關活動理由及計畫書
（範例）

一、活動主題：

例：兩岸攝影交流研討會

二、活動目標：

例：（一）技術交流：
　　（二）資訊流通：
　　（三）著作權保護：

三、活動項目：（研討會註明名稱、議程）

例：（一）兩岸攝影交流研討（議程如附件）。
　　（二）拜會及訪問。
　　（三）參觀。

四、活動時間、地點：

例：（一）時間：自　年　月　日至　年　月　日止，共　日。
　　（二）地點：✕✕攝影協會、✕✕會議中心及臺北市立美術館。

五、協辦（參與）單位及與會來賓：（檢附參加人員名冊）

例：（一）協辦（參與）單位：✕✕攝影社、✕✕攝影雜誌社。
　　（二）檢附與會來賓及參加人員名如附件。

六、邀請來臺參與之理由：（應就其重要性、專業性及其他有關事由具體列述）

例：（一）受邀攝影協會來臺人員中，計有林✕、游✕文、張✕樹等三人，有專業攝影著作：古✕維、楊✕悟、曾✕宗等人，曾參加攝影比賽獲得名次（詳如專業造詣資料）。
　　（二）陳✕勝、林✕等二人，在世界攝影總會分別擔任副總幹事、評議委員會職務，人際關係良好，有助於提昇本協會在世界總會之地位與形象。

七、經費來源及概算：（含申請人支付及邀請單位之收支）

例一：臺灣-大陸間機票費用，由大陸攝影協會自行負責；抵臺後食、宿、交通費用，由本協會負責（詳細費用概算如附件）。
例二：本次活動所有經費均由大陸專業人士（本會）自行負擔。

八、活動構想、源起

例一：本次交流活動，係源起於去年（✕✕年）本協會會長，受邀至大陸訪問時，面邀大陸攝影協會來臺參觀、訪問。
例二：本會宗旨係透過攝影交流活動提昇攝影技術、水準，以及國際地位。
　　本次所邀大陸攝影協會來臺人員，素來與本會關係良好，其專業攝影技術、背景及良好的人際關係，有助於提昇本協會攝影技術、水準，及在世界總會之地位與形象。

九、其他：

備註：如有表格不足填寫，得另加附頁補充。

邀請單位：　　　　　　　　　　（簽章）負責人：　　　　　　　　（簽章）
地　　址：　　　　　　　　　　　　　　聯絡人：
電　　話：
中　華　民　國　　　　　年　　　　　月　　　　　日

■ 行程安排範例

（範例）

大陸地區 ＿＿陳x 勝等十人＿＿ 來臺從事相關活動行程表
（姓名或團名）

一、 詳細行程：（請詳細閱讀「邀請大陸地區專業人士來臺參訪須知」後填寫）

自x年5月 6日 至x年5月10日		行　程　內　容 （活動及住宿地點）	受訪單位同意否		受訪單位聯絡人	受訪單位聯絡電話
			是	否		
第 1 天 5月6日星期二	上午	自大陸經香港至臺北			蔡x 成	090000001
	下午	拜會xx 攝影協會，夜宿xx 飯店			林x 祥	(02)29999999
第 2 天 5月7日星期三	上午	兩岸攝影交流研討會(xx 會議中心)			謝x 龍	(02)12345679
	下午	兩岸攝影交流研討會，夜宿xx 飯店			謝x 龍	(02)12345679
第 3 天 5月8日星期四	上午	兩岸攝影交流研討會(xx 會議中心)			謝x 龍	(02)12345679
	下午	兩岸攝影交流研討會，夜宿xx 飯店			謝x 龍	(02)12345679
第 4 天 5月9日星期五	上午	參觀重慶南路一帶攝影器材商店			張x 瑞	091234567
	下午	訪問臺北市立美術館，夜宿xx 飯店			陳x 誠	(02)92345671
第 5 天 5月10日星期六	上午	結束行程中正機場搭機返回大陸			蔡x 成	090000001
	下午					
第　天 　月　日星期	上午					
	下午					
第　天 　月　日星期	上午					
	下午					
第　天 　月　日星期	上午					
	下午					
第　天 　月　日星期	上午					
	下午					
第　天 　月　日星期	上午					
	下午					

二、 保證事項：除營利演出外謹保證絕不涉及任何營利之行為。

三、 凡拜訪政府機關（構）、國家實驗室、科學工業園區、生物科技、研發或其他重要科研單位，應先取得受訪單位之同意函。

四、 參加研討會，應檢附會議詳細計畫書，列明研討會主題、會議議程、會議地點、時間、主協辦單位、參加對象、參加人數等項。

邀請單位：　　　　　（簽章）地址：

負責人：　　　（簽章）聯絡電話：　　　傳真電話：

邀請單位之陪團員職稱：　　　姓名：

陪團員電話：　　　　　填表日期：　　年　　月　　日

■ 保證書範例

保證書

被保證人姓名：<u>王　○　中</u>性別：<u>男</u>出生日期：<u>19○○</u>年<u>○○</u>月<u>○○</u>日

（西元）

保證人姓名：<u>王　○　華</u>　　　　　性別：<u>男</u>

電　話：<u>　　　　　　　　　</u>（手機）

服務機關或商號：<u>○　○　公　司</u>　　職稱：<u>經理</u>

與被保證人關係：<u>兄弟</u>

本人願負擔並保證被保證人<u>王　○　中</u>（姓名）申請

☐進入臺灣地區　　☐在臺灣地區居留　　☐在臺灣地區定居　　之下列事項：

一、保證被保證人確係本人及與被保證人之關係屬實，無虛偽不實情事。

二、負責被保證人入境後之生活。

三、被保證人有依法須強制出境情事，應協助有關機關將被保證人強制出境，並負擔強制出境所需之費用。

保證人：王　○　華　　　　　　（親自簽名）

中華民國　○○　年○○　月○○　日

請於框內黏貼國民身分證或護照（外籍人士）影本，並請繳驗正本（驗畢發還）

保證人身分證或護照影本（正面）黏貼處　　保證人身分證影本（背面）黏貼處

受理人員核章：　　　　　　　承辦或面談人員核章：

帶客戶外出用餐，幾乎成為現代職場文化之一，
老闆雖不至於要員工自掏腰包，
但也不會給你無上限的交際費，
不管是大場面的公關飯局或是小場面的交際應酬，
都需要先能寫出一份出色的預算提案。

採訪 · 撰文》邱和珍

向老闆要預算

向內布局＋向外取經＝
必勝一擊的提案

台灣是一個需要靠國際貿易來支撐經濟發展的島國，也因為開發外國客戶拿到長期而穩定的訂單，向來是台灣企業最重視的經營原則，所以對國外來訪的客戶，無不使出渾身解數，熱情招待，希望讓對方留下良好的印象，在日後與同業爭取訂單的同時，能立於不敗之地。

但是，隨著近年歐美經濟疲弱不振，台灣的出口貿易也跟著大受影響，過去只要有外國客戶肯來台灣看工廠，不愁沒訂單；但現在有愈來愈多不確定的因素，叫人措手不及。更糟糕的是，大環境不好，達不到業績，交際費被縮水，行銷預算也被刪掉，有太多太多的行銷人員跌入工作無力推展的苦惱裡，但老闆交辦的飯局還是要進行啊，怎麼辦呢？

下筆前的思考過程：客戶背景加自身經歷

不管是大場面的公關飯局或是小場面的交際應酬，向老闆要預算的第一步，你應該靜下心來想一想：要招待的是哪些人？這些人和老闆的交情如何？他們可以為公司帶來哪些好處？接下來，回想自己出差時接受過客戶什麼樣的招待？哪一類型的餐廳讓人印象深刻？哪一道菜色是敗筆？這是從客戶背景到自身經歷，是擬定一份預算提案以前，必須經過思考過程。

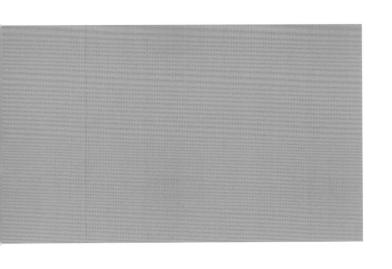

第1步》 分析與客戶的互動關係

首先，你要確定自己要的是什麼。閉上眼睛，想像自己身處在餐廳中，和一群外國客戶吃飯的情境，然後把你想要達成的結果寫下來。再來是評估自己的現狀，像是距離飯局還剩下多少時間、除了老闆還有哪些人可以左右大局、自己現在的處境、目前事情進行的狀況。

徹底認清楚「再好的計畫也趕不上變化」，誠實的評估自己目前的狀況與想要達成的結果，其間的落差有多大。回想老闆所交辦的事項裡，是否提到「交由你全權處理」、「要控制成本」、「試探客戶下單意願」等話語，如果連一個字都沒有提到，只是要你去請客戶吃飯，這種情形大多和老闆自己也沒有把握能夠掌握住這名客戶有關。

■ 向內布局＋向外取經＝必勝一擊的提案

第2步》 洞悉老闆的難言之隱

如果你能夠洞悉老闆的難言之隱，又能替他處理和客戶之間的人際關係，甚至拿到訂單的話，將有助於說服老闆增加行銷預算，而對於你自己的升遷機會，也有加分的效果。

首先必須找出所有會阻礙提案順利通過的絆腳石，再將這些絆腳石加以分門別類。通常，當你擁有完全的主導權時，表示老闆充分授權，只關心客戶的感受，不會去過問經辦人到底花了多少錢。因此，你可以不用去考慮老闆這塊絆腳石。

即使你是老闆身邊的紅人，享有事後報支的權利，但對於招待客戶吃飯這檔事，老闆偶爾還是會叮嚀「錢要花在刀口上」時，表示你只具有部分的主導權。為了避免惹來不必要的麻煩，最好事先向財會單位諮詢，這類餐敘可以花用的上限為多少，較為妥當。最後一種是，你根本沒有任何主導權，沒有辦法移除絆腳石，因為在老闆沒有核准以前，不可以擅自作主，否則可能要自己買單。

大多數人碰到第一種和第二種障礙時，應該可以迎刃而解，順利過關。但是倘若碰到最後一種障礙時，最壞的結果不外是被老闆退件，而最好的結果就是被老闆狠狠的刪了預算，只能算是部分過關而已。

而撰寫提案以前，除了要注意以上這些事項以外，與其他曾有過招待國外客戶經驗的同事，一起來檢討你的提案，也是一個立竿見影的方法。

第3步》 妥善配置餐廳菜色

吃飯是一門大學問，心中一定要有數，才能替老闆省錢，又能賓主盡歡。只要抓住幾個原則，當老闆問起提案裡的相關細節時，就能夠對答如流，輕鬆過關了。

一般來說，人均一菜是比較通用的原則，但如果是男士較多的餐會可適當加量。在菜色的組合方面，如果以中式餐宴為主，那麼一桌菜最好是有葷有素，有冷有熱，蒸煮煲燉盡量做到全面。假使出席的男士較多，可多點些葷菜，倘若女士偏多，則可多點幾道清淡的菜餚。

當宴請的對象是外國客戶時，就可以考慮具有中國特色的菜餚，例如炸春捲、煎餃或蒸餃、獅子頭、咕咾肉等。另外，很多餐廳都有自己的招牌菜或特色菜，點一份本餐館的特色菜，更能凸顯主人的細心和對被邀請者的尊重。

在微利時代，每花一塊錢，如果不能替老闆賺五到十塊錢，公司的營運可能就會出現問題，而自己的飯碗也可能不保。所以識時務為俊傑，千萬別拿老闆的錢開玩笑，還是務實一點，幫老闆省點荷包。

就拿一般的商務餐來說，每道菜可控

制在平均200元至300元之間。如果這次宴請的對象屬於關鍵人物時，可斟酌加一至兩道夠份量的菜，例如龍蝦、石斑魚、生魚片，再高檔一點，則是鮑魚、海參、魚翅、燕窩等。

最後在安排菜單時，必須考慮到客人的飲食禁忌，例如穆斯林不吃豬肉也不喝酒。佛教徒除了不吃葷腥食品外，也不吃蔥、蒜、韭菜、芥末等氣味刺鼻的食物。

不同地區的人們，飲食偏好也往往不同。例如大陸江蘇省的人喜歡吃甜食，英美國家的人通常不吃動物內臟、動物的頭部和腳爪。另外，盡量少點生硬需要啃食的菜餚，尤其是外國客人在用餐中不太會將咬到嘴中的食物再吐出來。

善用提案爭取公關預算

預算提案的撰寫，首先必須符合老闆的需求或必須要解決的事。當老闆希望給遠道而來的客戶對公司有個好印象時，即使老闆沒有提到可以花多少錢請客戶吃飯，仍然必須事先寫在提案裡，如果等到餐宴結束後才提出報支申請，老闆有可能不認帳喔！

第1步》 確實掌握老闆需求

提案的內容必須要讓老闆覺得「請完這頓飯後會增加好處」，雖然不是絕對的保證，但是如果提案裡面沒有一項內容能讓對方認同的話，就不容易被採用。通常只要抓住有明確的好處（最好用數字來表達，更具說服力）和費用低廉，就可以增加被老闆採用的機會。

最後，重要的是有沒有按照老闆提出的要求來做。大多數的老闆都不會告訴部屬可以花多少錢請客戶吃飯（或許可以這麼說，老闆都希望不用花任何一毛錢，客戶就會自動上門），所以要盡可能的向老闆身邊的人打聽，這類型的餐敘可以花用的上限是多少，並盡可能朝「被採用」的方向來做提案。

為了被採用，有時「策略上的妥協」是有必要的。如果老闆曾經批准過三個人的商務餐是一千元，只要找到有餐廳正在促銷餐券，每人每客三百元（含服務費），總消費額共九百元，比老闆批准的預算還低的話，這種提案就很容易過關。

第2步》 詳列任務執行過程

撰寫提案的第一個基本要點是，讓主管知道如何執行這項任務的所有過程，因此架構一定要清晰、分明，最好包含背景說明、目的、執行方案、預算等項目。

第二個要點是，無論是直式或橫式書寫，都應該以A4為主，在內容方面，一定要簡明扼要而且易懂，不要把所有的細節

都放入內文中，可以用附件的方式作為補充說明。當手邊有三、四家餐廳的菜單和價格時，就可以把這些資料放入附件中，避免喧賓奪主，讓提案內容失焦。

第三個要點是內容要合乎邏輯。不妨利用中午吃飯時間，在公司附近轉一轉，搜集幾家「燈光好、氣氛佳、經濟實惠」的餐廳菜單，並諮詢資深同事的意見，以免內容流於空泛。

第四個要點是，提供三個方案讓老闆挑選。通常一份提案應該包含三個建議方案，並且簡述每個方案的利弊得失，讓老闆一目瞭然，迅速作下決定。要特別注意的是，如果有附加資料時，一定要以「附件」來標明。

實戰演練 **招待舊金山國際商貿公司來訪外賓之餐費提案**

背景說明

1. Mr. Frank Wells是舊金山國際商貿公司的採購經理，該公司是本公司的B級客戶，年營業額為新台幣500萬元。
2. 根據了解，這次Mr. Frank Wells除了參觀本公司工廠以外，還會去拜訪我們的主要競爭對手「豪邁科技公司」，有可能進一步洽談合作方案。

提案目的

1. 達新商品的利基，爭取下半年度200萬元的訂單。
2. 取得客戶的認知、了解及好感。
3. 在輕鬆愉悅的氣氛中，探聽該客戶和「豪邁科技公司」的交情程度。

執行內容

1. 宴請對象：Mr. Frank Wells、Mr. Jack Lee、Ms. Rebecca White
2. 時　　間：201X年9月23日（五）18：00～20：00
3. 方　　案：如下

評估項目	重要性權數	選擇方案		
		A餐廳/得分	B餐廳/得分	C餐廳/得分
1.裝潢氣派	10	10	9	7
2.成本低廉	10	6	8	10
3.菜色精緻富變化	10	9	8	6
4.服務水準	10	8	9	7
5.空間動線安排	10	8	8	6
6.交通便利	10	9	9	7
總　　分		50	51	43
預　　算		NT$6,000	NT$4,000	NT$3,000

說明：

※1.共有六項評估項目，每項最高得分為10分，最低為1分，總分為六十分。
※2.以上各選擇方案均符合國稅局規定，交際費佔營業額千分之六的原則。
※3.以上各選擇方案均已包含一成服務費。

附件

三家餐廳的菜單、價格表、地理位置圖、餐廳經理的名片。